西南林业大学农林经济管理一级学科建设项目，
西南林业大学“十四五”规划教材

乡村规划理论与实践

柳　娥　杨月稳　刘珊珊◎主编

THEORY AND PRACTICE OF RURAL PLANNING

图书在版编目（CIP）数据

乡村规划理论与实践/柳娥，杨月稳，刘珊珊主编 . —北京：经济管理出版社，2023. 9
ISBN 978-7-5096-9222-6

Ⅰ. ①乡… Ⅱ. ①柳… ②杨… ③刘… Ⅲ. ①乡村规划—研究—中国 Ⅳ. ①TU982. 29

中国国家版本馆 CIP 数据核字(2023)第 170167 号

组稿编辑：曹　靖
责任编辑：郭　飞
责任印制：许　艳
责任校对：蔡晓臻

出版发行：经济管理出版社
（北京市海淀区北蜂窝 8 号中雅大厦 A 座 11 层　100038）
网　　址：www. E-mp. com. cn
电　　话：（010）51915602
印　　刷：唐山玺诚印务有限公司
经　　销：新华书店
开　　本：720mm×1000mm/16
印　　张：12. 5
字　　数：191 千字
版　　次：2023 年 10 月第 1 版　　2023 年 10 月第 1 次印刷
书　　号：ISBN 978-7-5096-9222-6
定　　价：88. 00 元

前　言

村庄是农村居民生活和生产的聚居点，是乡村振兴和农业农村优先发展中重点考虑与提升的要素。中国是农业大国，乡村分布较为分散。目前，乡村存在农村“空心化”、人口老龄化严重、居民点分散、家族聚居现象较为明显以及商业和基础设施建设水平较低等问题，因此，对乡村进行合理规划设计，有利于优化乡村空间布局、保护提升农村生态环境、完善农村基础设施与公共服务、改善村民住宅条件、传承乡村历史文化和地域文化、营造和谐的人文环境。

本书立足于中国国情，基于美丽乡村建设的要求，依据人地关系理论与可持续发展、区位理论、人居环境理论、城乡一体化理论、二元经济结构理论、反规划理论与低碳理论等理论，按照乡村振兴“产业兴旺、生态宜居、乡风文明、治理有效、生活富裕”的20字方针要求，力求从规划角度探寻乡村建设的路径。本教材突出系统性、针对性、实用性和指导性等特点，重点研究乡村规划的具体内容，包括村域规划、居民点规划、乡村环境规划以及乡村调研的方法与案例。

教材共七章内容。教材编写分工具体如下：第一章“乡村发展概述”和第二章“乡村规划与设计概述”由柳娥编写；第三章“村域规划”与第四章“居民点规划”由杨月稳编写；第五章“乡村环境规划”和第六章“乡村调研与分析方法”由刘珊珊编写；第七章案例中东北地区乡村规划案例由杨月稳搜集，云南省乡村规划案例由柳娥搜集，华东地区乡村规划案例由刘珊珊搜集。

本书作为全国高等院校农村发展领域专业本科生的教材，也可作为高等教育经济管理类专业教学参考书以及各类农村发展和农村规划从业人员的参考书。由于编者水平有限，书中不足在所难免，欢迎读者批评指正。

编者

2023 年 5 月于云南省昆明市

目　录

第一篇　乡村规划基本理论

第二篇　乡村规划的类型

第一篇

乡村规划基本理论

第一章　乡村发展概述

本章阐述乡村的概念与乡村规划基本理论，为后续内容做铺垫。具体包含四个小节：第一节从乡村概念的演变与界定、乡村的类型等角度对乡村进行解剖阐述；第二节陈述乡村的特点；第三节回顾百年来中国乡村建设的几个阶段；第四节介绍乡村规划发展过程中的一些理论。

第一节　乡村的概念

一、乡村概念的演变

“乡村”是一个复合性名词。“乡”字有多层含义：从空间属性来说，《说文》中记载“乡，国离邑民所封乡也”；从文化心理来说，“乡”指一个人生长的地方或祖籍，如唐代柳宗元《捕蛇者说》中“三世居是乡”；从行政区划来说，“乡”是中国的基层行政单位，在不同历史时期“乡”的地域范围不同。例如，周制，一万二千五百家为乡；春秋齐制，十连为乡；汉制，十亭为乡；唐宋以后，乡指县级以下行政单位。历史上，“乡”所指代的行政空间属性一直在变化，但其所代表的乡土文化性一直在延续。综上所述，“乡”字可理解为古代以来国家行政单位下能够产生认同感和归属感的空间文化区域。

“村”字在《说文》中指乡下聚居的处所，同时也指代农村基层组织。作为形容词，“村”在一段历史时期内代表一种落后的价值观念和粗俗的行为习惯，如“村蛮”“村夫”，体现了传统自然聚落环境下，社会文明普遍落后的状况。

乡村源于农村，从原始农耕时代开始，人类与动物在生活环境上区别开来，包括农业耕种、农业生活、农业文化等各方面形成的人文环境，这个环境就是萌芽时期的农村——以从事农业生产活动与进行对应的农业生活及拓展丰富的农业文化为内容的人文环境。

农村社会学（Rural Sociology）是区域社会学的重要分支之一，我国的农村社会学是从美国引进的。“Rural”这个词的含义是“农村的”“乡村的”，结合中国实际翻译为“农村的”。正如我国早期的社会学家冯和法先生所言，“农村也可称为‘乡村’，不过农村这个名词更可以表示出其人民共同生活的特征”。

许多社会学家有关农村社会的概念都大同小异，在20世纪30年代，我国的农村社会学概念及理论基本是从美国移植过来的。美国康奈尔大学农村社会学教授散得生（Sandeison）认为农村社会是指一处的居民，居住在一个农业地域上，他们的各种共同生活和事业都聚集到一个中心点上合作。美国社会学家帕尔（Burr）称，一个农村社会可称为一个农业区域的人群，能使其居民充分地从事团体合作的活动。

但随着我国社会主义改革开放实践的发展，“农村”概念已很难适应社会发展的实践，其地域的模糊性、不确定性和社区特征的不明显性等特征使概念的外延突破了它的内涵，因而使相关理论难以自圆其说；而“乡村”概念的种种特征对区域社会学的研究来说，更能从具体的、综合的、动态的方面来把握，用它来代替“农村”概念，并把“农村社会学”改为“乡村社会学”，区

域社会学的研究将开创出一个新的局面。

20世纪70年代末，由于农业经济体制的改革，农村的非农化进程大大加快，乡村职能由单一提供农产品向多样化发展，传统的农业地理学已经不能反映中国乡村的实际情况，“农村”需要被内涵更为丰富的“乡村”代替。20世纪80年代，随着中国人文地理学的复兴，乡村地理学得以快速发展。李旭旦指出，研究非城市区域人文组织与活动的地理方面的问题统称为农村地理学，它不包括在农业地理学的范畴之内，而是探讨农村环境的经济、社会、人口、聚落、文化和资源利用等许多问题的一门界限不很明确的学科。

学者还对乡村地理学研究的空间范围进行了分析与界定，开始关注城乡之间的相互作用。金其铭认为，乡村应该包括聚落及其所管辖的广阔区域，并指出乡村地理学主要应该以特定的小区域为研究对象。林亚真认为，城乡研究可以交叉和衔接，乡村地理的范畴应该考虑在县城以下，包括建制镇在内。石忆邵更进一步指出，乡村地理学是研究乡村社会经济活动的地域分异及与外围城市相互作用规律的科学，城市和乡村并不是封闭的系统，存在着各种要素的双向交流，应该重视城市与乡村之间的相互作用与联系。

就现代社会所倡导与建构的人文环境而言，所谓乡村，是相对于城镇及至城市而言的，是以农业人口为主体的居住、生产、生活的环境，但就人文演进的历史而言，乡村随着社会生产力发展状况与社会文化发展不断丰富，尤其在不同历史时期积淀所形成的文化为背景，表现为不同的范畴。因此，界定乡村概念与归纳乡村文化范畴是完全必要的。另外，随着中国城乡差距的逐步拉大，尤其为着力解决21世纪所出现的农业生产、农民、农村，即“三农”问题，以及为解决“三农”问题所引起的社会各个领域与各个方面的关注，并由之提出解决问题的方式、方法，乃至制定相应的策略等，界定乡村与规范乡村文化范畴同样是完全必要的。

二、乡村概念的界定

一般来说，乡村是介于城市之间，由多层次的集镇、村庄及其所管辖的区域组合而成的空间系统，也就是城市之外的一切地域，或城市建成区以外的地区。从国土空间来看，乡村是区别于城镇的空间区域，是除城镇规划区以外的一切地域。《中华人民共和国城乡规划法》中明确了乡村规划包括乡规划和村庄规划，其中乡规划空间区域为乡域（包括集镇），村庄规划空间区域为村域（包括村庄）。

乡村属于一种地域综合有机体，有着极其复杂的系统性，包含经济、社会、生态、文化等诸多方面特征，而每个方面都涵盖不同层次的理解因子。很多学者认为农村也可称作乡村，在《辞海》中，农村、乡村统称为村，国家统计局关于城乡划分上认为乡村包括集镇和农村。国外学者维伯莱（G. P. Wibherley）认为乡村是某种特殊的土地类型，能清晰地显示目前或最近为土地的粗放利用所支配的迹象。但也有学者认为乡村包含农村，农村是乡村的主体，两者有很大的相似性，但并非一种概念。

从人类生态学视角来看，中国的乡村地域是由家庭、村落与集镇构成的农业文化区位格局。家庭既是经济生产和消费单位，又是基本礼仪的活动空间。村落以家庭为单位，以土地为基础，是农业文化中以血缘和地缘关系为纽带的生态图景。集镇是城市与乡村物质交流的主要场所，为农民提供技术服务、传播信息。扩大社交网络，是引领乡村时尚的文化空间。家庭、村落与集镇在互动中建立了一个既彼此独立又相互依存的有机体。

从社会学角度来看，乡村社会生活以家庭、血缘、宗族为中心，居民以从事农业生产生活维持营生。乡村社会是熟人社会，人与人之间关系密切。乡村地区一般人口密度低，生活节奏慢，保守思想重，变故难。乡村社会区域文化差异大，风俗、道德等村规民约对村民行为约束力强。乡村地区物质文化设施相对落后，现代精神文化生活有待提升。

从地理学角度来看，乡村是作为非城镇化区域内以农业经济活动为典型空间集聚特征的农业人口聚居地，具有很强的人文组织与活动特征。乡村地区的经济、社会、人口、资源与景观的形成条件、基本特征、地域结构、相互联系及其时空变化规律都是地理学的研究范畴。

从管理学角度来看，乡与村分别是两个特定的主体。乡为县、县级市的主要行政区划类型之一；村（含民族村）为乡的行政区划单位。乡即包括乡镇党委和政府在内的乡政，村即行使自治权的以村民委员会为代表的村治，体现的是国家权力与村民权利之间的关系。乡政村治是当代中国乡村社会的基础性治理结构。

在当今城市化潮流下，乡村的功能不断发生变化，对乡村这个概念的认识似乎清楚但不明晰，人们往往理解不一致，致使乡村问题的理论研究受到影响，也困扰着乡村政策的制定，虽然在有关文献资料中已有大量的关于城乡划分标准的看法，但仍然缺乏一个足以说明乡村的总体性、本质性的概念。

乡村的概念是不断变化的。自 21 世纪以来，中国经济社会面貌发生了重大变化，中国城乡发展又经历了复杂的转型，以往对乡村概念的理解不断更新。在《辞源》一书中，“乡村”被解释为主要从事农业、人口分布较城镇分散的地方。以美国学者 R. D. 罗德菲尔德为代表的部分外国学者指出，乡村是人口稀少、比较隔绝、以农业生产为主要经济基础、人们生活基本相似，而与社会其他部分，特别是城市有所不同的地方。

乡村和城市在本质上都是人类生存的聚落，乡村概念是通过与城市的对比而形成的。乡村又称非城市化地区，是指以行政区划的乡镇所辖的地域实体，它的外延是以乡（镇）政府所在的圩镇为中心，包括其所管辖的所有村庄的地域范围。通常指社会生产力发展到一定阶段所产生的相对独立的，具有特定的经济、社会和自然景观特点的地区综合体。国内外对乡村概念的理解和划分标准不尽相同，一般认为乡村的人口密度低，聚居规模较小，以农业生产为主要经济基础，社会结构相对较为简单、类同，居民生活方式及景观上与城市有明显差别等。

乡村作为一个职业概念与这个词在历史上的用法联系在一起，这就是农村，指的是以农业生产为主体的地域，从事农业生产的人就是农民，以农业生产为主的劳动人民聚居的场所就是农村聚落。这一定义的出发点是把农业产业作为农村赖以存在、发展的前提，没有农业的存在，农村就不成其为农村，农民就不成其为农民。

在中国，乡村指县城以下的广大地区。长期以来乡村生产力水平十分低下，流动人口较少，经济不发达。但也因此得到了一定好处，如乡村的环境遭到的破坏程度远比城市低很多。它的产业结构以农业为中心，其他行业或部门都直接或间接地为农业服务或与农业生产有关，故认为乡村就是从事农业生产和农民聚居的地方，把乡村经济和农业相等同。

第二节　乡村的特点

乡村具有区别于城市地域的诸多特征，在一定意义上乡村是由农村演变而来的，农村的特点包括以下几点：农村“空心化”，人口老龄化严重；农村环境优美，具有田园风光；居民点分散在农业生产的环境之中，家族聚居的现象较为明显；工业、商业、金融、文化、教育、卫生事业的发展水平较低；等等。

一、农村的人口特点

农村人口向城市迁移，农村出现“空心化”。自改革开放以来，我国城镇化发展取得了令人瞩目的成就，然而城镇化水平不断提高的一个重要推动因素是农村劳动力大量往城镇迁移。农村出现“空心化”，究其原因，一方面是因为自20世纪七八十年代起，我国开始实行严格的计划生育政策，人口的出生率开始下降。另一方面是相对于农村，城市在经济、政治、文化各方面有着较好的条件，产生了更大的吸引力，导致农村人口往城市流动。而这导致了农村

“空心化”进一步加剧，影响到我国农村养老、农村土地制度和农业生产调整等具体问题。

农村人口老龄化问题突出。我国人口老龄化程度正在不断加快，而老龄化问题的关键和短板是农村的老龄化问题。农村人口老龄化程度的进一步加深将使农村劳动力进一步短缺，“三农”问题更加突出。农村人口老龄化突出的主要原因一方面是由于随着社会经济的发展，我国医疗水平有了显著的提高，人的平均寿命不断增加。另一方面是随着城镇化进程的加速，城市提供了大量工作岗位，而农村劳动力剩余，导致农村中青年人口往城市流动成为必然。有文化的青壮年劳动力流向城市工作，造成农村人口在年龄结构上的分布极不合理，因为农村劳动力大规模向城市转移，造成农村人口老龄化的问题越来越严重。

二、乡村的环境特点

乡村的生态环境、物种资源具有多样性，且生态环境脆弱。农村地区的生态系统类型多样，包括山地、丘陵、平原、湖泊、河流等多种类型。这些不同类型的生态系统间相互联系和相互作用。由于农村地区气候适宜、土壤肥沃，因此具有丰富的植物和动物资源。这些资源对当地居民的生计和文化生活有着重要的影响。农村地区的生态环境相对脆弱，易受到人类活动的干扰和破坏。例如，大规模的开垦、过度放牧、乱砍滥伐等都会对当地的生态环境造成不利影响。

乡村的环境深受农业生产生活的影响，且人们的环保意识较差。农村地区的生产生活方式对当地的生态环境有着深刻的影响。例如，传统的农业生产方式通常使用大量化肥农药，对土壤和水源造成污染；同时，一些传统的生活方式也可能会对环境造成影响，例如使用柴火取暖和烹饪等。在农村地区，由于受教育水平和环保意识相对较低，因此生态保护工作面临着很大的挑战。应加强农村居民的环保教育和宣传，提高其环保意识和行为习惯。

三、乡村居民居住地的特点

农村居民点用地特征主要表现为四个方面：一是居民点密度较大，布局不尽合理；二是三大区域居民点密度差异小，乡镇个体居民点密度差异大；三是用地总体粗放，整体潜力大；四是乡镇用地个体差异大，区域差异相对较小，整合空间大。

四、乡村经济特点

乡村经济的特点包括区域广较分散、地区差异大，各种农业生产相关性大，农业产品类型庞杂且差异大；季节性明显，生产具有可变性，农业生产风险大；农村经济单位规模小、投资实力弱，缺乏完整的产业链，获取金融服务的途径少，农业经济普遍复杂多样单位规模小，产业化程度低等；存在民族性问题，低收入人口比重高。

五、乡村文化教育的特点

中国的农村教育是一种发展比较单一的教育，在农村教育教学过程中过分偏重文化课教育，忽视德智体美劳方面的教育。农村人口科学文化素质普遍不高。改革开放以后，随着九年制义务教务的实施，我国农村接受教育程度逐渐提高。但相较于城市，农村人口的科学文化素质仍然需要提高。农村学龄以上人口接受教育年数与全国的差距有逐步拉大的趋势。农村人口文化素质水平将直接影响乡村产业结构调整优化速度，影响农村完成农业现代化的总目标。

我国地域广阔，地区差异、城乡差异大，导致城乡在教育发展上也有很大差别。近两年有关高考录取率的报道表明，我国一些大中城市，如北京、上海，报考青年的录取率已高达70%以上，而一些以农村人口为主体的省份，高考录取率则在50%以下。

六、乡村医疗交通的特点

乡村医疗卫生的特点包括财政投入不足、医疗资源不足、保障范围不全面、医疗服务质量不高等。

农村医疗保障制度的财政投入相对城市较少，导致农村医疗保障制度的覆盖面和保障水平较低。农村地区医疗资源相对城市较少，医疗设备和技术水平也较低，导致农村居民就医难度大。农村医疗保障制度的保障范围主要集中在基本医疗保险和新农合，对于大病保险、商业保险等方面的保障还存在不足。农村医疗服务质量普遍较低、医疗服务态度不好、医疗技术水平不高、医疗设备不足等问题较为突出。

七、乡村交通建设的特点

交通基础设施不足。目前，我国农村地区的道路、桥梁、渡口、码头等交通基础设施建设较为薄弱，特别是山区、丘陵地带和偏远地区的交通条件更加困难。农村交通运输的基础设施建设还不够完善。由于农村地区的地形复杂，交通运输的建设难度较大，因此，很多农村地区的道路、桥梁、隧道等基础设施建设还不够完善，也制约了农村地区的经济发展。

运输方式单一。农村交通运输的基础设施建设还不够完善。由于农村地区的地形复杂，交通运输的建设难度较大，因此，很多农村地区的道路、桥梁、隧道等基础设施建设还不够完善，给农村居民的出行带来了很大的不便。农村交通运输的交通工具还比较落后。由于农村地区的经济水平相对较低，很多农村居民还在使用传统的交通工具，如自行车、摩托车等，这些交通工具的速度较慢，安全性也不够高，给农村居民的出行带来了很大的风险。

农村交通运输的服务水平还有待提高。由于农村地区的交通运输服务水平相对较低，很多农村居民在出行过程中遇到问题时，往往难以得到及时的帮助和解决，这给农村居民的出行带来了很大的不便。

第三节　乡村建设的发展历程

如前文所述，乡村不是一个固定的概念，而是一个历史的、动态的概念，故乡村建设的内容和形式也是不断变化和发展的。乡村建设是一种复合型建设，包括乡村生产建设、制度建设、人文建设、精神建设等多个层面。本书将中国的乡村建设发展历程分为四个阶段：第一阶段：封建时期的“制度乡建”；第二阶段：民国前后的“救国乡建”；第三阶段：中华人民共和国成立之后的乡村建设；第四阶段：改革开放后的乡村建设。每个阶段都有不同的任务，又可细分为不同的阶段。

一、第一阶段：封建时期的“制度乡建”

传统封建时期的乡村建设无论是空间建设还是社会治理，都是宗法制度约束下的产物。其内涵在于以空间等级的划分来约束人的行为和思想观念，便于乡村统治和管理，实现礼法制度约束下的社会秩序到空间秩序的统一。

我国封建时期的治理范式是“王权止于县政”，由于社会资源总量的限制，国家将管理社会的职能转为乡村社会自治。因此，农民对宗族、村落或地缘内的区域性共同体的认同，要远远高于对区域外的国家体系的认同。古代中国是以乡村为主体的城乡关系，城市只承担了贸易和政治职能，乡村是物质生产和伦理价值的源泉。乡村建设的核心理念是承载封建礼教秩序建构。传统乡村建设是以乡绅、乡贤等阶层承担乡村公共事务，维护本乡利益，如乡村农田水利以及公共场所的修筑、桥梁道路、市政设施等一系列建设活动。这些公共服务不仅包含对村民的保护和乡村社会治理，还有对乡村空间的营建和管理的社会责任。传统乡村建设是封建宗法礼教制度的产物，伦理观念等级意识反映

在物质空间的建造中，小到门头屋脊的装饰物选择、色彩的应用，大到祠堂等重要公共空间布局、村庄空间肌理建构，都在强化宗族伦理秩序。

二、第二阶段：民国时期的“救国乡建”

20 世纪前后，已有许多国人看清封建制度和外国列强对“传统中国”的冲击，都在思考中国的“出路”究竟在何方。其中有一部分实业者和学者聚焦当时的农村，也想为农村寻一条出路。

1904 年，河北定县乡绅米春明等人开始以翟城村为示范，实施一系列改造地方的举措，直接孕育了随后受到海内外广泛关注、由晏阳初及中华平民教育促进会所主持的“定县实验”。如果说这个起于传统良绅的地方自治与乡村“自救”实践是在村一级展开的，那么清末状元实业家张謇在其家乡南通则进行了卓有成效的县级探索。正是这些 20 世纪初叶不同范围内自发的建设性实践，构成了中国百年乡村建设的萌芽与先声。

至 20 世纪 30 年代，中国大地上已有不少地区兴起了声势浩大的乡村建设事业，学术界一般称之为“乡村建设运动”，提倡和参加乡村建设的人员，既有一批进步的社会学者、经济学者、农业专家和有志青年，也有资产阶级、地主阶级中的改良派，还有一些则是国民党政府大大小小的官员。主办乡村建设的机构，有的是学术机关，有的是高等学校，也有的是民间团体，还有一些是政治机构。乡村建设工作也各有侧重的方面，有的侧重于平民教育，有的侧重于社会救济和社会服务，有的侧重于农村经济事业，还有的侧重于乡村自治。

这些乡村建设团体 1933～1935 年联合召开三次全国乡村建设协进会议，讨论的主题有“农民负担”“乡村卫生”“经济建设”“合作事业”“乡村教育”及“人才训练”等问题。在乡村建设的热潮中，最为著名的是梁漱溟在山东邹平、菏泽的“乡村建设运动”和晏阳初在河北定县的“定县实验”。梁漱溟、晏阳初的实践活动，代表着 20 世纪二三十年代乡村建设的最高成就，反映着当时中国的平民知识分子对“三农”问题的思考和方法。

（一）梁漱溟在邹平、菏泽的乡村建设实验

梁漱溟（1893~1988年），蒙古族，名焕鼎，字寿铭，早年笔名为寿民、瘦民，祖居广西桂林，后移居北京。梁漱溟是中国现代著名的教育家、思想家、文化哲学创始人。由于他以宋明理学作为学问根底，并倡导以中国传统文化为开拓人类新文化生命的基础，注重弘扬儒家学说乃至重建新儒家学说，故海内外学者奉之为“现代新儒家”。

梁漱溟选定山东省的邹平县实施其乡村建设实验计划是经历了一个过程的。1928年梁漱溟曾到广东，准备于广州开办乡治讲习所，后因缺乏支持而未办成。回到北方后，1930年与彭禹廷、梁仲华等在河南办村治学院，出任教务长，他写了《河南村治学院旨趣书》，对学院内部进行了规划，并兼任《村治月刊》的主编。其后他又与村治学院一班人到山东创办乡村建设研究院，院址就设在邹平，并选定该县作为乡村建设的实验县。梁漱溟之所以选择邹平，是因为该县离济南不远，又靠近胶济铁路，地理位置较好，交通方便，本身规模又比较适中，在该县从事乡村建设实验，搞起来相对容易些。

成立乡村建设研究院的目的在于研究乡村自治及一切乡村建设问题，并培养乡村自治及乡村服务人才，以期指导本省乡村建设之完成。研究院主体分为三部分。第一部分为乡村建设研究部，每年从大学毕业生中招考40人，学习与研究乡村建设理论等课程，两年后分配到各地从事乡村建设的组织与指导工作。第二部分为乡村服务人员训练部，该部的任务是招考初高中毕业生开办训练班，每县10~20名，学员花一年时间学习乡村建设理论、农业知识、农村自卫、精神陶炼及武术等科目，结业后，回到各县担任乡村建设的骨干。第三部分即乡村建设实验区，选定邹平县进行实验。实验县县长、县政府隶属于研究院，其中县长由研究院提名，省政府任命。研究院成立之初仅设邹平为实验县。1932年国民党政府在各省推行县政实验方案后，研究院又于1933年增设菏泽为实验县，以后实验范围扩大到山东省内三个专区30个县，但其他实验县皆以邹平实验县为范本。

邹平实验县县级组织即县政府，县长直辖“一室五科”，即秘书室及分管民政、武装、财政、交通通信、教育。不少研究部的学生是“一室五科”的负责人。县政府另设户籍、承审、公报、民众间事、金融流通等处所。县以下辖 14 乡，每乡辖若干行政村。

梁漱溟主持下的邹平乡村建设实验是以组织乡农学校为出发点的。乡农学校成员由三部分人组成，一是乡村领袖，二是成年农民，三是研究院结业学生。其开办过程大致为：先由研究院结业学生到乡村去，从各地乡村中寻找有声望有力量的人士，通过他们组织乡农学校董事会，董事会聘请当地知识品行较佳者担任校长，办理招收学生等一切事宜。乡农学校的教师一般由研究部结业学生担任。学校分普通与高级两部，未完成国民教育及目不识丁者入普通部，小学毕业者入高级部。高级部课程注重史地及农村问题；普通部课程除各校共设的识字、音乐、唱歌、精神讲话等之外，为各校因地制宜而设置的课程，后一类课程，各校不求一致。

后来，为改造乡村组织，而形成一种新的社会组织，在邹平实验县取消原有的乡公所和村公所，将原先的乡农学校改办成乡学与村学。几个村或十个村有一乡学。乡学设学董会，学董会推选学长，由地方乡绅名流担任，县政府下聘书。学长位居众人之上，起监督协调作用。学董会推选一人为常务学董兼理事，处理乡级日常行政事务。乡学还设有教导主任一人负责管理教育工作。为在各项工作中贯彻乡村建设宗旨，研究院派来辅导员一人指导与协助乡理事和教导主任工作。乡学还设有乡队部、户籍室、卫生室等组织机构。乡学以下设村学，其组织结构和乡学大致相似。乡学村学的学员来自乡村全体农民，被称为学众。从乡学村学的组织结构看，它们实际上都是政教合一的机构。

梁漱溟等取消乡村公所等自治组织而以乡学村学取而代之，并不是不要自治组织，而是要借助乡学村学训练村民对团体生活及公共事务的注意力及活动力，培养乡民的新政治习惯，提高乡村自治组织的能力。在他看来，一旦乡学村学真正发生组织作用，乡村多数人的注意力与活动力均得到启发，新政治习惯培养成功而完成县自治，研究实验县就算大功告成了。而研究实验县的成功对中国地方自治问题的解决，则不失为发明了一把锁钥。中国将来整个国家的政治制度，也就是本着这么一个格局、这么一个精神、这么一个规模发挥出来。乡学村学在培养乡民新政治习惯时，梁漱溟尤其强调应符合中国的传统伦理精神。这种伦理是从情谊出发，以对方为重，这样，人与人的关系可以做到联锁密切、融合无间的地步。他于中国传统的“五伦”之上，又加上个人对团体与团体对个人一伦，这两者之间应互为尊重，互有义务。

乡学村学在将一盘散沙的乡农组织起来，注意培养他们新政治习惯与团体合作精神的同时，也推行了一些社会改良的工作，如禁烟、禁赌、兴办合作社、鼓励妇女放足等。此外，乡民通过接受现代农业科学技术教育，也推动了农作物品种的改良、先进农业机械的运用与耕作方式的改进，有利于农产品产量的提高，从而带动农民生活的增进。

梁漱溟以“团体组织、科学技术”八个字来概括他在邹平实验县所开展的乡村建设工作，并号召全体村民“齐心向上，学好求进步”。这些正好体现了他所主张的中国新的组织结构的形成应以中国固有的精神为主，同时吸收西洋文化科学技术的长处的精神。

（二）晏阳初主持的定县乡村建设实验

晏阳初，享誉世界的平民教育家和乡村建设家。1890 年生于四川巴中县。少时熟读儒家经典，13 岁时入内地会传教士办的西学堂读书，后来到中国香港和美国的耶鲁大学接受教育。在美国，晏阳初曾经受教于塔夫脱和威尔逊两位美国前总统。晏阳初是我国 20 世纪 30 年代乡村建设运动的代表人物之一，他领导的中华平民教育促进会在河北定县开展的乡村建设实验，在当时曾产生过重大的影响，其经验曾被人称为“定县模式”，定县乡村平民教育实验区的做法也受到不少乡村建设实验区的效仿和跟随。20 世纪 50 年代之后，晏阳初任国际平民教育委员会主席。晏阳初将他的事业推广到国际上，在泰国、印度、哥伦比亚、危地马拉、加纳等国继续从事平民教育和乡村建设。他的一生

改变了世界上亿万贫苦民众的命运，被联合国誉为“国际平民教育之父”。

晏阳初主持的定县乡村建设实验一般称作平民教育实验，因为这项实验是从实施平民教育开始的，实际上这项实验后来发展成整体的乡村建设计划。1926 年，中华平民教育促进会确定该县翟城村为实验区。前已述及，清朝末年已有米迪刚等人在翟城村搞过村治实验，有一定的基础。至 1930 年，平教会向全县推广该村的实验计划，设立定县实验区。

平教会所开展的定县乡村建设实验是以晏阳初等人所提出的“愚穷弱私论”为理论依据的。其工作的进行，分为调查、研究、实验、表演与推行五个步骤。以除文盲为例，其五个步骤大致是：第一，对全县文盲与非文盲人口进行调查；第二，对非文盲所需最低限度的文字知识进行调查，在此基础上，编写《千字课》课本；第三，在实验学校对《千字课》的适用与否进行实验，并作修改；第四，以修改后的课本在表演学校进行示范表演；第五，向所有平民学校推广。

1930 年定县乡村建设实验开始的时候，曾拟订出一个十年计划，打算前三年完成全县的文艺教育，再用三年完成全县生计教育，最后用四年时间完成全县公民教育。而卫生教育贯穿整个十年计划中。但实际工作开展起来以后，他们发现十年计划将四大教育基本分开进行效果并不理想，于是，1932 年他们放弃了十年计划，而改订一个六年计划，自 1932 年 7 月开始，至 1938 年 6 月结束。六年计划规定实验区研究实验工作由村而区，由区而县进行；从农民生活中发现问题；运用并连锁四大教育，以求得问题的解决。平教会并拟以这六年为研究实验期，在取得经验的基础上，过渡到表证训练期，以全国为范围，全面推广定县乡村建设经验。

和邹平实验县普遍设立乡农学校并取代乡村公所的做法有所不同，定县的实验一方面提倡设立各种平民学校，以培养训练地方乡村建设人才；另一方面对原有的乡村小学加以改造，使小学教育与平民教育相结合，共同推动乡村建设事业。另外，定县的平民学校也不代行乡村行政组织的职能。

定县的乡村建设实验工作并没有按计划所设计的那样进行下去并向全国推广，1937 年“七七事变”以后，整个实验工作便停顿下来了。

三、第三阶段：中华人民共和国成立之后的乡村建设

中华人民共和国成立之后的乡村建设主要包括土地改革、农业合作化、人民公社化运动。

（一）土地改革

土地改革是中国共产党在民主革命时期执行的重要方针，是中国共产党获得农民的支持，最后战胜国民党的强大“法宝”。中华人民共和国成立后，占全国 3 亿多人的新解放区还没有进行土地改革，广大农民迫切要求进行土地改革，获得土地。

1950 年 6 月 30 日，中央人民政府根据新中国成立后的新情况，颁布了《中华人民共和国土地改革法》（以下简称《土地改革法》），该法规定废除地主阶级封建剥削的土地所有制，实行农民的土地所有制。同年冬起，没收地主的土地，分给无地或少地的农民耕种，同时也分给地主应得的一份，让他们自己耕种，自食其力，借以解放农村生产力，发展农业生产，为新中国的工业化开辟道路。规定了没收、征收和分配土地的原则与办法。《土地改革法》将过去征收富农多余土地、财产的政策，改变为保存富农经济的政策，以便更好地孤立地主，保护中农和小土地出租者，稳定民族资产阶级，以利于早日恢复和发展生产。《土地改革法》公布以后，在 3.1 亿人的新解放区分期分批、有计划、有领导、有秩序地开展了土改运动。近 3 亿无地少地的农民分到了 7 亿亩土地和大量的农具、牲畜和房屋等；还免除了每年向地主缴纳约 350 亿公斤粮食的地租。在土地改革运动中，党的各级领导干部基本上正确贯彻和执行了党的土地改革的路线与政策。

1953 年春，全国除新疆、西藏等地区以及台湾地区外，基本上完成了土地改革任务。农民真正获得了解放。我国存在 2000 多年（建立于战国，公元

前475年）的封建土地所有制从此被彻底摧毁，地主阶级也被消灭。土地改革的胜利，彻底消灭了封建土地所有制，解放了农业生产力，进一步巩固了工农联盟，为国民经济的恢复和发展、为国家社会主义工业化和对农业社会主义改造创造了条件。

（二）农业合作化

农业合作化运动是在人民民主专政条件下，通过合作化道路，把小农经济逐步改造成社会主义集体经济，是中国共产党在过渡时期总路线的一个重要组成部分。党在完成土地改革以后，遵循自愿互利、典型示范和国家帮助的原则，采取三个互相衔接的步骤和形式，从组织带有社会主义萌芽性质的临时互助组和常年互助组，发展到以土地入股、统一经营为特点的半社会主义性质的初级农业生产合作社，再进一步建立土地和主要生产资料归集体所有的完全社会主义性质的高级农业生产合作社。到1956年底，参加合作社的农户占全国农户的96.3%，其中参加高级社的农户占全国农户的87.8%。在所有制方面，基本上完成了对农业的社会主义改造。

农业合作化运动分三个阶段：第一阶段为1949年10月至1953年，以办互助组为主，同时试办初级形式的农业合作社。第二阶段为1954年至1955年上半年，初级社在全国普遍建立和发展。第三个阶段为1955年下半年至1956年底，也是农业合作化运动迅猛发展时期，到1956年底，基本上实现了完全的社会主义改造，完成了由农民个体所有制到社会主义集体所有制的转变。

（三）人民公社化运动

农村人民公社化运动是中国共产党在20世纪50年代后期全面开展社会主义建设中，为探索中国社会主义建设道路所作的一项重大决策。人民公社兴起于1958年的“大跃进”运动中。1957年底，全国掀起了大办水利建设的高潮，为了适应这种形势，一些地区打破了社界、乡界搞社会主义协作，一乡或数乡联合办大型水利工程，1958年初，有些乡村群众提出了小社合并大社的要求。1958年3月中共中央成都会议上，根据毛泽东提出的小社并大社的建议，通过了《关于把小型的农业合作社适当地并为大社的意见》，主要是肯定大社的优越性，认为农业合作社规模越大，公有化程度越高，就越能促进生产，要求各地把小型农业合作社并为大社。此后，全国掀起小社并大社的热潮，为人民公社的出现奠定了基础。

1958年8月初，毛泽东视察冀、豫、鲁三省农村，在河南听取省委同志汇报大社没有采取共产主义公社命名，而用人民公社命名时，毛泽东说："人民公社这个名称好，包括工、农、商、学、兵，管理生产，管理生活，管理政权。"8月29日，毛泽东在北戴河主持召开了中央政治局扩大会议，会上正式通过了《关于在农村建立人民公社问题的决议》，认为人民公社将是建成社会主义和逐步向共产主义过渡的最好的组织形式，它将发展成为未来共产主义社会的基层单位，我们应该积极地运用人民公社的形式，摸索出一条过渡到共产主义的具体途径。这样就把人民公社化运动很快推向了高潮，至9月底，全国原有的74万多个农业社一下子就改组成23284个人民公社，每个公社平均4767户，入社农户占全国农户总数的90%以上。全国基本实现人民公社化。

人民公社的特点是"一大二公""政社合一"。所谓"大"，就是指公社规模大，人多地多。所谓"公"，就是指人民公社比农业生产合作社更加集体化，公有化程度更高。人民公社实行生产资料的公社集体所有制，有的地方还实行了全民所有制，各高级社的生产资料和财产完全无偿划归到公社，社员在农业合作化中保留的自留地、自养牲口、自营的成片果树、一部分较大型的生产工具一律转为社有，甚至私有的房屋、家畜等，也被当作私有制的残余扫除，转为公社所有。全公社劳动力和产品公社统一指挥调配，实行统一经营、统一核算、统一分配。这种盲目追求生产关系"一大二公"的做法，脱离了中国农村生产力水平。

所谓"政社合一"，是指农村人民公社不仅是农村经济管理组织、经营组织，而且是农村基层政权组织和社会组织。随着时间的推移，人民公社"政社合一"的程度也有所变化。最初，人民公社沿用战争年代的军事方法，将

劳力按军队编制，组成班、排、连、营、团，对社员的生产和生活进行统一领导、调配和指挥，提倡“行动战斗化，生活集体化”，取消了农户独家独户的家庭生活，办了公共食堂、托儿所、幼儿园、敬老院、小学校、卫生院、俱乐部、商店以及集体宿舍，吃饭在公共食堂，幼孩进托儿所和幼儿园，学龄孩子住学校，老人进敬老院，男女劳力被分别编排进男女集体宿舍，亲人每周团聚一次过家庭生活。后来，随着三年困难时期的到来，集体食堂撤销，以及“三级所有队为基础”的制度的最终确立，这种军事化的管理方式就放弃了。尽管如此，但直到 1984 年人民公社解体以前，人民公社本身的“政社合一”性质都没有实质性的变化。

四、第四阶段：改革开放后的乡村建设

这一阶段的乡村建设又再次聚焦农村改革、乡村工业化道路再探索，并且高度重视“三农”问题，分为四个时期。

（一）探索突破：1978~1992 年

改革开放后，农村地区积极推行“包产到户、包干到户”，农民生产积极性大大提升，剩余劳动力逐渐从土地上解放出来进入非农部门，实现了经济繁荣和资本积累，为乡村基础设施和房屋建设提供了经济基础，掀起一股农房建设的热潮。农民建了新房，解决了住房面积短缺的问题，但房屋结构不合理、功能不完善、耕地被占用等问题随之出现。

为规范农村房屋建设，中央成立了乡村建设管理局，指导和协调全国农村房屋建设工作。1982 年全国第二次农村房屋建设工作会议提出将乡村及周边环境进行综合规划，“城乡建设环境保护部”成立。并依据中央文件进行村镇规划编制工作，截至 1986 年底，全国有 3.3 万个小城镇和 280 万个村庄编制了初步规划。乡村建设逐步走上有规可循的道路，乡村规划的理论基础、方法、技术和标准也初现雏形。

（二）乡村体制变革与扩展：1993~2004 年

党的十四大明确提出建立社会主义市场经济体制，促使市场经济快速发

展，带动了城镇化进程的加速，农村的资金、土地和劳动力等资源大量流向城市，城乡发展不均衡，二元结构现象突出。为此，2003 年 10 月党的十六届三中全会将“统筹城乡发展”摆在国家全面发展战略构想中“五个统筹”的首位。

为保障乡村建设有法可依、有章可循，1993 年，国务院发布了《村庄和集镇规划建设管理条例》；1997 年，建设部发布了《1997 村镇建设工作要点》和《村镇规划编制办法》；2002 年，国家环境保护总局与建设部联合印发了《小城镇环境规划编制导则》。随后，皖南 4 个古村落成功申报世界遗产，政府与学术界开始重视古村落的保护与开发相关的问题。2003 年，国家建设部和文物局共同颁布了《中国历史文化名村或中国历史文化名镇评选办法》。

从国家到地方各级政府逐渐重视乡村建设工作，部分地区村庄环境整治工作全面开展，探索完善乡村基础设施的可行路径。2003 年浙江省开展了“千村示范、万村整治”工程，全面整治全省万个行政村，把其中千个行政村建设成全面小康示范村。

（三）城乡统筹发展的转型：2005~2012 年

2005 年，党的十六届五中全会提出“工业反哺农业、城市支持农村”并且明确了乡村建设的具体要求，乡村建设被放在国家发展的重要位置。同时，国家全面取消农业税，减轻了农民负担，增加了农民收入，为乡村建设提供了经济支撑。2005 年，建设部颁布的《关于村庄整治工作的指导意见》中，提出改善农村最基本的生产生活条件和人居环境。同年，召开的中央农村工作会议上正式提出“新农村建设”的概念。

2008 年，中共十七届三中全会进一步提出农村建设“三大部署”，成为乡村产业调整的新契机，各村镇积极发展旅游业，保护和利用村镇特色景观资源，推动乡村建设。当年颁布的《中华人民共和国城乡规划法》取代了《城市规划法》，乡村建设正式纳入法制体系内，有力地遏制了各地农村无序建设、违法建设的混乱现象。同年，“建设部”改为“住房和城乡建设部”（以下简称住建部），住建部颁布了村庄整治工作技术法规方面的国家标准，推动了村庄整治工作深入展开。

这一阶段中国乡村建设迅速发展，全国范围内促进旅游经济发展及人居环境改善的乡村建设典范层出不穷，如浙江省安吉县正式提出“中国美丽乡村”计划，推动乡村产业发展，促进村容村貌和生态环境改善，成为中国新农村建设的鲜活样本。

（四）新型城镇化到乡村振兴：2013 年至今

城镇化的快速发展推动乡村建设从以数量为重向以质量为重发展。2013 年中央提出“新型城镇化”的概念，目的是保护农民利益，实现城乡统筹和可持续发展。这时期乡村建设工作中产业发展、生态环境和文化建设齐头并进，主要内容包括美丽乡村建设、人居环境建设和传统村落保护三大板块。

1. 美丽乡村建设

2012 年党的十八大提出“美丽中国”；2013 年中央一号文件提出建设“美丽乡村”；2015 年中央一号文件表明“中国要美，农村必须美”，同年中央发布《美丽乡村建设指南》；2017 年党的十九大报告提出要走中国特色社会主义乡村振兴道路，美丽乡村建设仍然是国家发展战略的重点。在中央文件指引下，各地相关部门开展了美丽乡村建设的实践。2013 年，住建部开展了建设美丽宜居小镇、美丽宜居村庄示范工作，并陆续公布了 190 个美丽宜居小镇、565 个美丽宜居村庄。

2. 人居环境建设

2013 年，住建部对村庄整治规划的内容、要求、成果等作出了明确要求，提升了乡村人居环境质量。2014 年，国务院建立了农村人居环境统计和评价机制，此后住建部每年开展一次全国范围内行政村农村人居环境调查，举办创建改善农村人居环境示范村活动，2017 年公布了村庄规划示范名单。为了加强农村建设规划管理，2017 年住建部印发了《村庄规划用地分类指南》，对村庄用地类型进行了详细规定。

3. 传统村落保护

2012 年中央一号文件中提出加大力度保护有历史文化价值和民族、地域元素的传统村落和民居。同年住建部、文化和旅游部、财政部与国家文物局联合开展传统村落调查，明确了“传统村落”的定义，将其与“古村落”的概念相区分。同年 12 月，住建部、文化和旅游部、财政部为传统村落建立了认定体系，公布了第一批“传统村落”名单，并陆续发布了第二、第三、第四批传统村落名录，共计 4153 个。

党的十九大报告将生态宜居作为乡村振兴战略的重要内容，明确要开展乡村人居环境整治行动。2018 年底至 2019 年初，《农村人居环境整治三年行动方案》《农村人居环境整治村庄清洁行动方案》《关于推进农村“厕所革命”专项行动的指导意见》等相继出台。2022 年中共中央办公厅、国务院办公厅印发了《乡村建设行动实施方案》，强调以普惠性、基础性、兜底性民生建设为重点，加强农村基础设施和公共服务体系建设，努力让农村具备更好的生活条件，建设宜居宜业美丽乡村。

在国家政策文件的引导下，全国各地进一步有效落实，把公共基础设施建设重点放在农村，持续改善农村生产生活条件，使农村垃圾、污水、面源污染等问题得到一定程度的解决，改变了村容村貌，农村人居环境得到了极大改善，乡村综合治理体系有效提升。

第四节　乡村规划理论

一、人地关系理论与可持续发展

所谓“人地关系”是人们对人类与地理环境之间关系的简称，是指人类

及其社会经济活动与地球表层（包括土壤、大气、生物、水、岩石、矿物的自然界以及人类赖以生存和发展的自然资源和环境）所组成的人与自然相互作用、相互制约的综合体。

人地关系可以理解为“人类社会与地理环境的关系”。在人地关系这个命题中，“人”是指人类，包括个体的人和人类社会，“地”是指地理环境，界定为由自然地理环境开始，又不受其局限而进入人文地理环境，所以人地关系的实质是人类社会与自然环境的关系。

（一）人地关系的主要理论观点

人地关系是长期影响人类社会发展的一个重要因素，以往在人地关系的讨论中，就人与地这对矛盾双方主、次问题的争论进行得异常激烈，在理论上分别出现了地理环境决定论、人地相关论（或然论、可能论）、适应论、人类生态理论、文化景观论、生产关系决定论、唯意志论、人地协调论等。概括起来包括以下几种：

第一，以地理环境决定论为代表。地理环境决定论是一种以自然地理环境的作用解释人类社会发展，忽视或贬低人类社会的作用，认为地理环境是人类社会发展的决定性因素的理论，这种理论强调自然环境对人类社会发展的决定作用。

第二，强调人类社会对自然环境的决定作用，从而忽视或贬低地理环境的作用，如唯意志论等。唯意志论主要表现为唯神论、人定胜天论、文化决定论和生产关系决定论等。

第三，强调人类社会与地理环境之间的相互作用，重视人地关系适应与协调的理论，如协调论等。这一理论的基本观点既不突出地理环境对人类社会作用的重要性，也不过分夸大人在人地相互作用中的主观能动作用，而强调人与地的相互作用过程中其作用的对等性。这种理论强调人与自然之间的联系和统一，认为人是其中一个积极的因素，同时又看到自然环境对人类社会的反作用，认为人地关系应该是互相制约、互相影响、协调发展的。

（二）人地关系与可持续发展的关系

1. 可持续发展是人地系统发展到一定阶段的要求和表现

人类要进一步发展，除了加强对自然的调控以外，加强人类自身的调控也是一个必要条件，而达到人与地之间的协调，这正是可持续发展的关键所在。因此，正如有人已经指出的那样，可持续发展问题实际上是“人地关系”这个旧主题的新研究。人类通过初级发展阶段、低发展阶段、高发展阶段而进入持续发展阶段，就是要建立起在合理的管理与干预下的经济发展与人口、资源、环境等的高度综合统一，这是人地系统发展到一定阶段的要求和表现。

2. 人地系统的理论是可持续发展研究的重要理论基础

可持续发展是一个综合性课题，涉及诸如社会学、经济学、生态学、技术科学、地理学等多个学科。就其研究对象和研究内容来看，既包括社会可持续发展、经济可持续发展、资源可持续发展、生态可持续发展，更应包括一个能兼顾“社会—经济—资源—生态”的总体的可持续发展。以系统思想为指导的联结人类社会与自然界于一体的人地系统的理论，无论在深度上与广度上都与可持续发展的核心内容存在着与生俱来的一致性。因此，人地系统的理论即使不是唯一的，也是可持续发展研究的最重要的理论基础之一。

加强人地系统的研究，可以促进可持续发展的理论建设。从区域着手，人地地域系统的研究，既是地理学的优势所在，也是需要继续加强的研究方面。要从研究的方法和手段上寻找新的突破点，以便更好地发挥地理学在可持续发展的理论建设上的作用。要加强人地系统中具有地域特点的人文要素的研究，这是我国现代地理学研究的先天不足，需要补充。把人文要素的研究深入到政策和管理的层面上，进一步为可持续发展服务是地理学亟待解决的课题。

因此，研究人地关系，协调好人类活动和地理环境的关系，是当前迫切需要解决的全球性问题，人地关系理论被许多学科及全球众多学者所关注是必然趋势。人地关系的发展随着人类社会的发展而发生变化，它包括人对自然的依赖性和人的能动地位，因此，相关研究也不断发展变化。

（三）现代的人地关系问题与可持续发展问题

现代的人地关系问题与可持续发展问题关系紧密，并为人地关系注入了新的内容。可持续发展问题涉及人口、资源、环境和发展本身等诸多因素。从地理学角度来看，人口、资源、环境是地球表层的表征。人口、资源、环境与发展的关系是人地关系的一种外在表现形式。而从可持续发展的重要意义看，现代人地关系的中心是人口（Population）、资源（Resource）、环境（Environment）和发展（Development）的问题，即 PRED 问题。协调人地关系，本质上就是协调 PRED 关系。

二、区位理论

区位是指人类行为活动的空间。具体而言，区位除了可以解释为地球上某一事物的空间几何位置，还强调自然界的各种地理要素和人类经济社会活动之间的相互联系及相互作用在空间位置上的反映。而区位具体表现就是自然地理区位、经济地理区位和交通地理区位在空间地域上的有机结合。具体地讲，区位理论是研究人类经济行为的空间区位选择及空间区内经济活动优化组合的理论，是关于人类活动的空间分布及其空间中的相互关系的学说。

区位理论对于村庄规划和建设具有理论指导作用。随着我国社会经济的发展，村庄的自然地理区位、经济地理区位以及交通地理区位等都在发生变化，村庄未来的发展方向与这些因素有着紧密的联系，村庄的区位研究是村庄规划的重要内容。

三、行为科学理论

行为科学是一门综合性科学，是 20 世纪 30 年代开始形成的一门研究人类行为的新学科，是管理学中的一个主要分支，并且已经发展成管理研究学的主要学派之一，它通过对人的心理活动的研究，来掌握人们行为的规律，从中寻找对待人们的新方法以及提高劳动效率的途径。

行为科学是综合应用人类学、经济学、心理学、社会学、社会心理学、政治学、历史学、法律学、教育学、精神病学及管理理论和方法，研究人的行为的边缘交叉学科。它通过研究人的行为产生、发展和相互转化的规律来预测和控制人的行为。当前影响较大的行为科学主要理论有：马斯洛的人类需求层次论、佛隆的期望值理论、麦克利兰的成就需要理论、布莱克—莫顿的管理风格理论。

行为科学是一种管理理论，开始于20世纪20年代末到30年代初的霍桑实验，该项研究的结果表明，工人的工作动机和行为并不单纯因为金钱收入等物质利益所驱使，他们不单是“经济人”，也是“社会人”，有社会性的需要。在此基础上，梅奥建立了人际关系理论，行为科学的前提也称为人际关系学。首先提出“行为科学”这一名称，是1949年在美国芝加哥召开的一次跨学科会议上，然后在1953年正式把这门综合性学科定名为“行为科学”。

四、人居环境理论

人居环境，顾名思义是人类聚居生活的地方，是与人类生存活动密切相关的空间，它是人类在大自然中赖以生存的基础，是人类利用自然、改造自然的主要场所。

人居环境科学是一门以包括乡村、城市的所有人类聚居形式为研究对象的科学，是研究人与其生存环境之间的相互关系，强调把人居环境，从政治、社会、文化、技术等多方面全面地、系统地、综合地加以研究的科学。

人居环境包括自然环境和人文环境两个方面的内容。面对纷繁复杂的人类居住区问题，人居环境科学理论将其分为五大系统，分别是：①居住系统（Shells），其中特别强调可持续人居环境建设模式、城市规划与建筑科学和园林学的融合与拓展；②支持系统（Networks），如交通、能源等与人居环境质量密切相关的基础设施；③人类系统（Man），如人类作用与人居环境的相互影响、人居环境思想史等；④社会系统（Society），主要包括社会、人文的内容；⑤自然系统（Nature），侧重于与人居环境有关的自然系统的机制、运行原理及理论和实践分析，如土地资源保护与利用、区域环境与城市生态系统等。其中，人类系统和自然系统是构成人居环境主体的两个基本系统，居住和支撑系统则是组成满足人类聚居要求的基础条件。

在上述人居环境的五大构成系统中，“人类系统”和“自然系统”是基础，“社会系统”是过程，“支持系统”和“居住系统”是人工创造和建设的结果。其他四个因素都是为“人类系统”服务的，都是以“人”为主，创造能够符合人类需求的人居环境。五大系统息息相关，互相联系，缺一不可，对中国乡村的规划设计有着非常重大的意义。

五、城乡一体化理论

城乡一体化是中国现代化和城市化发展的新要求。所谓城乡一体化，就是要把工业与农业、城市与乡村、城镇居民与农村村民作为一个整体，统筹谋划、综合研究，通过体制改革和政策调整，促进城乡在规划建设、产业发展、市场信息、政策措施、生态环境保护、社会事业发展的一体化，从而改变我国长期形成的城乡二元经济结构，最终实现产业发展上的互补、国民待遇上的一致、城乡在政策上的平等，让农民真正享受到与城镇居民同样的待遇，从而使整个城乡经济社会全面、协调及可持续发展。城乡一体化是随着生产力的发展而逐渐进步的过程。通过城乡一体化可以使城乡人口、技术、资本、资源等要素相互融合，互为资源，互为市场，互相服务，逐步达到城乡之间在经济、社会、文化、生态、空间、政策（制度）上协调发展的过程。城乡一体化是一项重大而深刻的社会变革，不仅是政策措施的变化，更是思想观念的更新；不仅是发展思路和增长方式的转变，也是产业布局和利益关系的调整；不仅是体制和机制的创新，也是领导方式和工作方法的改进。城乡一体化的根本思路是废除原有的城乡二元体制制度，改革户籍制度并废除现行的人口流动管制制度。

六、制度变迁理论

美国经济学家道格拉斯·C. 诺思（Douglass C. North）在研究中发现了制度因素的重要作用，并进一步发展了制度变迁理论。诺思的制度变迁理论是由以下三部分构成的：描述一个体制中激励个人和团体的产权理论；界定实施产权的国家理论；影响人们对客观存在变化的不同反映的意识形态理论。此理论中制度的构成要素主要有：正式制约（如法律）、非正式制约（如习俗等）因素以及它们的实施，这三者共同界定了社会尤其是经济的激励结构。制度变迁是指一种制度框架的创新。

制度可以被视为一种公共产品，它是由个人或组织生产出来的，这就是制度的供给。由于人们的有限理性和资源的稀缺性，制度的供给也是有限的、稀缺的。人们随着外界环境的变化或自身理性程度的提高，会不断提出对新的制度的需求，以实现预期增加的收益。当制度的供给和需求基本均衡时，制度会达到稳定状态；当现存制度不能满足人们的需求时，就会发生制度的变迁。制度变迁成本与收益的比例对于促进或推迟制度变迁起着关键性作用，行为主体只有在预期收益大于预期成本的情形下，才会去推动并直至最终实现制度的变迁。

七、二元经济结构理论

二元经济结构理论是由英国经济学家刘易斯（W. A. Lewis）在1954年首先提出来的。其在《劳动无限供给条件下的经济发展》一文中详细论述了“两个部门结构发展模型”的概念，揭示了发展中国家并存着由传统的自给自足的农业经济体系和城市现代工业体系两种不同的经济体系，这两种体系就是“二元经济结构”。

刘易斯—费景汉—拉尼斯模型是在古典主义框架下分析二元经济问题的经典模型。乔根森（D. Jogenson）出于对刘易斯—费景汉—拉尼斯模型的反思，力图在一个新古典主义的框架内探讨工业部门和农业部门的发展问题，哈里斯特（Harrist）和托达罗（Todaro）则拓展了发展中国家产业间的劳动力流动理论。

传统农业部门人口过剩，同时耕地数量非常有限，加之生产技术简单，导致其很难有突破性进展，且生产的产量在达到一定的数量之后，基本是无法再增加的，所以每增加一个人所增加的产量几乎为零，即农业生产中的边际生产率趋于零，而那部分过剩的劳动力就被称为“零值劳动人口”。正是由于大量的“零值劳动人口”的存在，才导致发展中国家经济发展长期处于低水平，从而造成了城乡差距。

在城市现代工业体系中，由于各工业部门具有可再生性的生产资料，因此生产规模的扩大和生产速度的提高可以超过人口的增长，即劳动边际生产率高于农业部门的生产边际生产率，所以工资水平也略高于农业生产部门，从而可以从农业部门吸收农业剩余劳动力。在现实生活中由于工业部门所支付的劳动力价格只要比农业部门的收入略高，农业剩余劳动力就会选择到工业部门去工作，所以农村劳动力是廉价的，这样工业部门可以支付较少的劳动报酬，而把资本再投入到生产的过程中，这样一来又可以吸收更多的农民到工业部门，从而形成一个良性循环，其结果是促使农业剩余劳动力的非农转移，使二元经济结构逐步削减。这也是发展中国家摆脱贫困走上富裕的唯一途径。

费景汉（H. Fei ）、拉尼斯（G. Ranis）于 1964 年修正了刘易斯模型中的假设，他们在考虑工农业两个部门平衡增长的基础上，完善了农业剩余劳动力转移的二元经济发展思想。将剩余农民分为两部分：一部分是不增加农业总产出的人，即边际产出为零的那一部分人；另一部分是不增加农业总剩余的人，虽然边际产出不为零，但并不能满足自己消费需求的那一部分人。他们认为，工农数量的转换必须经过三个阶段：第一阶段是边际劳动生产率为零的农民向工业部门转移阶段。这部分农民的转移不会对农业总产出水平产生影响，所以，只要工业部门的发展有增加劳动力的需求，就会吸引这部分农民向工业部门转移。付给这部分农民的工资只要相当于他们在农业部门所得到的报酬就可以促进工业积累和工业部门的进一步扩张。并且由于农民数量的减少，会使其他农民的人均收入也有所增加。当前一部分人转移到工业部门之后，另一部分人由于工业部门的吸引也开始流向工业部门，这时，工农数量的转换就会进入第二阶段。由于另一部分农民的边际产出不为零，他们转出农业部门后，不仅农业总产出水平会下降，而且其他未流出的农民人均所得也随之下降，当农民总产出下降到一定水平，必然会引起农产品（尤其是粮食）相对价格的上涨，从而迫使工业部门提高工资，增加成本。这样就妨碍工业部门的积累和扩张，进而妨碍其对剩余农民的吸纳，因此，这一阶段必须依靠提高农业劳动生产率的办法来补偿那些并不完全“剩余”的农民流出农业部门所造成的影响。否则，就会难以顺利实现工农数量的转换。当工农数量的转换度超过费景汉和拉尼斯所谓的“粮食短缺点”后，工业部门会继续吸纳剩余农民。当农业部门中不再有剩余农民（即不增加总产出的和不增加总剩余的农民）时，工农数量的转换就进入第三阶段，这时社会劳动力在工农两部门间的分配将由竞争性的工资水平决定，这时不仅农业部门要向工业部门继续提供剩余劳动力，而且工业也要反过来支持农业的发展。这就意味着传统农业必然转化为商业化农业。

八、“反规划”理论

“反规划”理念是俞孔坚教授在总结前人经验的基础上，结合中国当前的时代背景，针对城市化过程中因城市的无序扩张而产生的一系列重大生态问题而提出的，如城市建设用地的无序扩张、土地资源浪费、土地生命系统遭到严重破坏等。“反规划”不是不规划，也不是反对规划，尽管在某种意义上它可以被认为等同于“控制”规划方法。反规划理念强调生态优先，这种思想的实质是“先决定不建什么，再建什么；而不是先建设什么，再不建什么”。人口、资源、环境和社会本是一个和谐统一体，但是由于自然原因，特别是我们人类自身的原因，使我们的生态环境破坏十分严重，我们所生活的城市生态系

统其实是一条脆弱的链条，人类大规模地建设和破坏生态环境的结果就是历经亿万年之久形成的生态环境被我们用几十年的时候破坏了。

“反规划”在规划上表现了一种逆动的程序，传统的规划理念都是根据人口和经济发展状况来计算建设用地的面积，来规划区域的用地规模及空间布局，规划某个地区应该建设什么，而反规划理论则从生态理念和可持续发展理念出发，优先规划非建设用地的范围，确定某个地区不应该规划什么。相对来说，城市人口数量是难以预测的，而且不论发展成熟抑或是不成熟的城市，城市的建设规模和城市用地的功能等是可以随机调整的，是可以变化的。但是河流水系、生态走廊、林地、湿地等生态系统，则是相对固定的，而且生态系统不仅对维护土地生命系统具有关键意义，而且所提供的生态服务是永远为城市所必需的。

九、低碳理论

低碳文化是有关二氧化碳低排放的价值、思想、知识、习俗、信仰、态度、规范等精神因素的总和。它本质上是崇尚生态价值、绿色环保、尚俭节用、秉持可持续发展理念的文化。低碳文化的培育在低碳发展中起着根本性作用。具体表现在：确立低碳价值观，为经济社会低碳发展正确导向；普及低碳理论知识，指导社会大众的低碳行动；构建低碳规范，约束组织和个人的低碳行为；倡导低碳生产生活方式，引导人们实践低碳行为。

广义的低碳理论，还包括有形的实物、技术和无形的制度、仪式等社会形式。它有着与广义的文化概念（即与“自然”相对应的“文化”概念）相同的系统结构，即器物、制度、行为规范和观念四个层次。低碳器物指二氧化碳低排放的技术和机械设备，它以物质形态存在，是支撑经济社会低碳发展的物质、技术基础。低碳制度是为保证二氧化碳低排放而形成和建立的经济、社会、科技、教育、企事业等社会建制的制度、体制、机制等，是低碳行为规范得以制定和遵从的社会组织形式与保证。低碳行为规范即为规范二氧化碳排放行为的法律法规、政策措施和道德准则，是约束企事业单位和公民的行为符合低碳发展要求的强制性和非强制性的规定。低碳观念即有关二氧化碳低排放的价值、思想、知识、习俗、信仰、态度等观念形态的因素。

总之，低碳文化是以低碳观念为核心的文化系统，是崇尚生态价值、绿色环保、尚俭节用、秉持可持续发展理念的文化。它以“生态是一切事物的尺度”为价值准则，去量度人类的经济、社会、生活等行为及其后果，倡导低碳发展，进而推动和实现人类经济和社会的可持续发展。

思考题

1. 简述乡村的特点。
2. 简述梁漱溟与晏阳初的乡村建设实验。
3. 简述二元经济理论。

参考文献

［1］孙斌．第五章论乡村概念及其文化范畴［C］//同济大学，南京林业大学，国家社科重大项目《中华工匠文化体系及其传承创新研究》课题组．中国设计理论与乡村振兴学术研讨会——第六届中国设计理论暨第六届全国“中国工匠”培育高端论坛论文集［R］．2022：73－87. DOI：10. 26914/c. cnkihy. 2022. 020480.

［2］王洁钢．农村、乡村概念比较的社会学意义［J］．学术论坛，2001（02）：126–129.

［3］孙超帅，赵媛．高中地理新教材必修二“城镇”与“乡村”概念辨析［J］．地理教学，2021（05）：25–27.

［4］张小林．乡村概念辨析［J］．地理学报，1998（04）：79–85.

［5］胡晓亮，李红波，张小林，袁源．乡村概念再认知［J］．地理学报，2020，75（02）：398–409.

［6］郭焕成，冯万德．我国乡村地理学研究的回顾与展望［J］．人文地理，1991，6（01）：44-50.

［7］金其铭．农村地理学的研究对象与领域：兼论李旭旦先生的农村地理思想［J］．人文地理，1988，3（02）：35-38.

［8］林亚真，孙胤社．论乡村地理学的开创与发展［J］．北京师范学院学报（自然科学版），1988，9（04）：57-62.

［9］石忆邵．乡村地理学发展的回顾与展望［J］．地理学报，1992，47（01）：80-88.

［10］范霄鹏，郝文璟．论民族人文要素与地区自然要素在建构中的作用［J］．建筑文化，2013（03）：160-162.

［11］张颀，王璐娟．此时此地的乡村建筑［J］．城市环境设计，2015（07）：50.

［12］赵之枫，王峥，云燕．基于乡村特点的传统村落发展与营建模式研究［J］．西部人居环境学刊，2016，31（02）：11-14.

［13］阮晓磊．农村教育及其特点［J］．课程教育研究，2012（32）：6.

［14］李治邦．论农村教育的特点［J］．黔西南民族师专学报，2000（03）：25-27.

［15］梁漱溟．乡村建设理论［M］．上海：上海人民出版社，2011.

［16］郑杭生，李迎生．中国社会学史新编［M］．北京：高等教育出版社，2000.

［17］陈锦晓．中国乡村建设道路探索研究［M］．郑州：黄河水利出版社，2009.

［18］王印传，陈影，曲占波．村庄规划的理论、方法与实践［M］．北京：中国农业出版社，2015.

［19］温铁军，潘家恩．中国乡村建设百年图录［M］．重庆：西南师范大学出版社，2018.

第二章　乡村规划与设计概述

本章第一节为乡村空间概况，主要包括广义与狭义角度的乡村空间构成；乡村空间的特征；按照行政等级、规模、形态等不同的乡村分类。第二节为乡村规划的原则与要求，主要包括乡村规划的概念与特征；乡村规划的基本原则；乡村规划的任务与要求。第三节为乡村规划的基本内容，主要包括县市级乡村建设规划、镇乡域村庄布点规划、村庄规划与村庄设计的规划内容以及成果要求。第四节为乡村规划的工作程序，主要包括县市级与村庄乡村建设规划的具体工作程序。通过本章的学习，读者能更详细地掌握乡村空间的构成情况，了解乡村规划过程中的建设原则，熟悉乡村规划的内容与工作程序，以及合理规划布局，实现乡村的可持续发展。

第一节　乡村空间概况

一、乡村空间构成

（一）广义的乡村空间构成

从广义来看，乡村是一个区域。相对于城市而言，乡村是指以从事农业生产为主要生活来源、族群关系为组带的人口分布较分散的地区，包含自然区域、生产区域和居民生活区域。

按照《中华人民共和国城乡规划法》，城乡规划涵盖城镇体系规划、城市规划、镇规划、乡规划和村庄规划，因而乡村范畴包括乡和村庄两类人口聚居地，通常存在集镇、村庄（行政村辖域）和自然村三个不同层次的聚落。

集镇是乡村一定区域内经济、文化和生活服务中心，是乡村地区商品经济发展到一定阶段的产物，通常由一定商业贸易活动的村庄发展而成，早期的集镇也是城市的雏形。

村庄是乡村村民居住和从事各种生产的聚居点，是农业生产生活的管理关系和社会经济的综合体，是乡村生产生活、人口组织和经济发展的基本单位。乡村的规模和当地的资源环境、产业、人口、文化传统有关。我国的村庄是一个自治体，土地属于集体所有，村民委员会是村民自我管理、自我教育、自我服务的基层群众性自治组织，办理本村的公共事务和公益事业，调解民间纠纷，协助维护社会治安，向人民政府反映村民的意见、要求和提出建议。

自然村是在自然环境中人类经过长时间自发形成的聚居点，是农村中从事农业生产活动的最基本的居民点，也可以说是扩大的家庭，是农村社会的基本“细胞”，多数情况下是一个或多个家族聚居的居民点，早期多是由一个家族演变而来的，如张家村、李家店、王家塘等，由同姓同宗族的人聚居一起构成，是农民日常生活和交往的社会基层单位。它受地理条件、生活方式等影响，比如在山区，可能几户在路边居住几代后就会形成一个小村落。自中华人民共和国成立以来，我国乡村的居民点经过多次合并，村庄具有一定的规模，因此，村庄也是由一个或多个自然村组成的。

（二）狭义的乡村空间构成

狭义的乡村空间概念指的是单个村庄聚落空间，通常是指一个行政村辖域的空间范畴，由山、水、田、村、宅等基本物质空间要素构成，是农业生产空间、建筑与各类空间复合构成的本土化空间。借助凯文·林奇的城市意象分析方法，我们对于乡村空间的认知图像亦即“乡村意象”包含山水田、片区、街巷道、边界、村口与节点六个要素。

村庄是构成乡村空间的基本单元，我们现在看到的村庄大多是在传统村庄的原址上形成和扩展出来的，通常将没有受到工业化和城市化影响的传统村庄的空间形态称为原型，对村庄原型的研究，对于解读乡村空间的成因，认识村庄空间的结构和文化传承的脉络具有重要的意义。

我国大多数村庄是以家族繁衍为原点。因此，原型的基本空间单元就是一个家族领地，也被称作自然村。自然边界、农田和宅基三个基本要素构成了一个基本的空间单元。以水网地区村庄空间为例，出于耕作的需求，首先对自然水系进行整理，使相邻河道的间距通常在200米左右，以便于形成自然的排水坡度，利于农田排水和灌溉，河道所围合的空间也就自然成为一个家族领地，并以此构成了明确的产权界线。

（三）乡村空间特征

1. 自然性

乡村空间最首要的特征是自然性，最原始的乡村往往充分利用自然的生态系统服务，形成适宜人居的环境，如利用坡度朝向、采用自然做法，形成小气候。

2. 领域性

乡村空间具有明确的领域性，它是由强烈的“血缘”和“地缘”关系构成的，虽然内部有动态变化，但是基本上是稳定的，有明确的界限。

3. 复合性

乡村的生产生活空间是叠加和重构的，很难清楚地区分开来。以我国长三角地区的乡村空间为例，由于地处冲积平原和海水与淡水交替之间，生物多样，资源丰富，大量新建的圩区都是通过人工挖掘运河，将所挖出的泥土堆于两旁，形成相对地势较高的闭合型的“垄”，将房屋建造于“垄”之上，既可防涝，又可获得良好的通风和光照条件，将围合在地块内部的水排到运河后获得耕地，在地块中部保留洼地作为鱼塘，使地块具有一定的水量调节和蓄洪能力，形成由“垄、宅、田、塘”四要素共同构成的一个圩基本单元，同时也是一个基本的家族领地。这些相似和连绵的基本单元构成了圩区，这种古老的空间体系沿用至今，支撑着水乡地区的生产生活和社会经济的发展。纵横交错、四通八达的运河既是水量调蓄的空间，又沟通了村庄之间以及村庄和外部联系的水路交通体系。村落沿水路而筑，呈线型，每户都可以公平地取水和排水，享受平等的区位条件。从村落到耕地中心的水塘依次安排住宅、柴草燃料堆放、家禽家畜养殖、蔬菜种植、水田和鱼塘。由于宅基地地势较高，有利于形成自然排水坡度，使生活污水从住宅自然流向农田，实现有机灌溉，并使剩余营养物质最终汇集到圩田中心的水塘喂鱼，鱼塘和农田又为住户提供了粮食和水产品，进而形成了完整的物质循环利用体系。

二、乡村分级建设

乡村按照行政等级、规模、形态等有不同的分类。

（一）按行政等级分类

从行政概念出发，按照基层社会组织的层次分类，乡村一般可以分为自然村和行政村。

1. 自然村

自然村是由村民经过长时间聚居而自然形成的村落，是农村中从事农业的家庭副业生产活动的最基本的居民点。它受地理条件、生活方式等的影响，比如在山区，可能几户在路边居住几代后就会形成一个小村落，这就叫自然村。

2. 行政村

行政村是指政府为了便于管理，而确定的乡、镇下边一级的管理机构所管辖的区域，是具有社会统一性的组织化村落，是中央和地方政府用来作为行政管理的基本单位。

在个别地方，行政村与自然村是重叠的，或是一个自然村划分为一个以上的行政村。但大多数情况下，往往一个行政村包括几个到几十个自然村。按照《镇规划标准》（GB 50188—2007），乡村分为中心村与基层村，中心村是指拥有小学、幼儿园、金融商贸等具有为周围村提供公共服务设施的村庄；中心村以外的村庄即为基层村。

（二）按规模等级分类

按聚落的人口聚居规模和生活各方面（生产、文化、教育、服务、贸易设施等）的职能大小进行分类，分为小村、中村、大村和特大型村庄。

小村，村落数量多，但在农村总人口中的比重较低，以山区、丘陵区、牧区、林区分布最为普遍。因耕地零星分散，或因生活用水不足，不宜建造大村庄，住宅布局分散，户均占地面积大。

中村，是我国最为常见的一种村落，广泛分布于全国各地，常见于地少人稠的种植业区或圈养畜牧业区。一般由几个村庄组成一个行政区，并设有小学、村委会、理发店等。

大村，常是乡政府或村民委员会所在地，拥有一定数量的商业服务设施和文化教育、生活服务功能。这种大村大多分布于地广人多的种植业区，尤其是耕地密集、地少人多的平原地区，华北地区较多，东北、长江中下游、东南沿海河口冲积平原等地也较普遍。

特大型村指人口规模大于1000人的村落。

（三）其他分类

乡村按形态肌理模式一般分为散点式、街巷式、组团式、一字形村庄等。

乡村按地形地貌及所处的区域地理特征又分为山区村、平原村、沿海村、滨湖村、草原村等。

乡村按职能分为农业村与非农业村。

乡村按文化遗存与景观特征分为传统乡村、一般乡村和现代乡村。

三、乡村用地分类构成

乡村规划用地共分为三大类、10中类、15小类，如表2-1所示。

表 2-1　乡村用地分类构成

类别代码			类别名称	内容
大类	中类	小类		
V			村庄建设用地	村庄各类集体建设用地，包括村民住宅用地、村庄公共服务用地、村庄产业用地、村庄基础设施用地及村庄其他建设用地等
	V1		村民住宅用地	村民住宅及其附属用地
		V11	住宅用地	只用于居住的村民住宅用地
		V12	混合式住宅用地	兼具小卖部、小超市、农家乐等功能的村民住宅用地
	V2		村庄公共服务用地	用于提供基本公共服务的各类集体建设用地，包括公共服务设施用地、公共场地
		V21	村庄公共服务设施用地	包括公共管理、文体、教育、医疗卫生、社会福利、文物古迹等设施用地以及兽医站、农机站等农业生产服务设施用地
		V22	村庄公共场地	用于村民活动的公共开放空间用地，包括小广场、小绿地等
	V3		村庄产业用地	用于生产经营的各类集体建设用地，包括村庄商业服务业设施用地、村庄生产仓储用地
		V31	村庄商业服务业设施用地	包括小超市、小卖部、小饭馆等配套商业、集贸市场以及村集体用于旅游接待的设施用地等
		V32	村庄生产仓储用地	用于工业生产、物资中转、产业收购和存储的各类集体建设用地，包括手工业、食品加工、仓库、堆场等用地
	V4		村庄基础设施用地	村庄道路、交通和公用设施等用地
		V41	村庄道路用地	村庄内的各类道路用地
		V42	村庄交通设施用地	包括村庄停车场、公交站等交通设施用地
		V43	村庄公用设施用地	包括村庄给水排水、供电、供气、供热和能源等工程设施用地；公厕、垃圾站、粪便和垃圾处理设施等用地；消防、防洪等防灾设施用地
	V9		村庄其他建设用地	利用及其他需要进一步研究的村庄集体建设用地
N			非村庄建设用地	除村庄集体用地之外的建设用地
	N1		对外交通设施用地	包括村庄对外联系道路、过境公路和铁路等交通设施用地
	N2		国有建设用地	包括公用设施用地、特殊用地、采矿用地以及边境口岸、风景名胜区和森林公园的管理和服务设施用地等

续表

类别代码			类别名称	内容
大类	中类	小类		
E			非建设用地	
	E1		水域	河流、湖泊、水库、坑塘、沟渠、滩涂、冰川及永久积雪
		E11	自然水域	河流、湖泊、滩涂、冰川及永久积雪
		E12	水库	人工拦截汇集而成具有水利调蓄功能的水库正常蓄水位岸线所围成的水面
		E13	坑塘沟渠	人工开挖或天然形成的坑塘水面以及人工修建用于引、排、灌的渠道
	E2		农林用地	耕地、园地、林地、牧草地、设施农用地、田坎、农用道路等用地
		E21	设施农用地	直接用于经营性养殖的畜禽舍、工厂化作物栽培或水产养殖的生产设施用地及其相应附属设施用地，农村宅基地以外的晾晒场等农业设施用地
		E22	农用道路	田间道路（含机耕道）、林道等
		E23	其他农林用地	耕地、园地、林地、牧草地、田坎等土地
	E9		其他非建设用地	空闲地、盐碱地、沼泽地、沙地、裸地、不用于畜牧业的草地等用地

第二节　乡村规划的原则要求

一、乡村规划的概念与特征

乡村规划（Rural Planning）是指在一定时期内对乡村的社会、经济、文化传承与发展等所做的综合部署，是指导乡村发展和建设的基本依据。乡村规

划具有综合性、社区性、实用性与地域性。

1. 综合性

乡村是具有一定自然、社会经济特征和职能的地区综合体，乡村规划要解决持续发展的社会、经济和产业问题，同时还要解决建设中涉及具体的用地、建设、生态、经济、运营等问题，具有很强的综合性。

2. 社区性

乡村规划的根本目的是为村民营造良好的人居环境，尊重村民的意愿，上下结合，发挥村民社区自治的积极性是规划的关键。

3. 实用性

乡村规划往往是结合具体建设需要产生的，是最容易体现规划价值和实效性的规划，对村民住宅建设、市政管网、污水处理、土地流转、村庄经营甚至村庄维护管理等方面内容往往有更高要求。

4. 地域性

我国地域辽阔、乡村特点和发展阶段差异很大，乡村规划没有固定的模式，需要根据具体需求，结合地城文化、发展阶段、产业特色、地形条件、气候土壤等进行不同侧重点的规划编制。

二、乡村规划的基本原则

（一）生态优先，彰显特色

把农村生态建设作为生态强省建设的重点，大力开展农村植树造林，加强以森林和湿地为主的农村生态屏障的保护和修复，遵循生态、生产、生活三位一体，实现人与自然和谐相处。规划建设要适应农民生产生活方式，突出乡村特色，保持田园风貌，体现地域文化风格，注重农村文化传承，不能照搬城市建设模式，防止“千村一面”。

（二）以人为本，尊重民意

以人为本，把维护农民切身利益放在首位，充分尊重农民意愿，把群众认同、群众参与、群众满意作为乡村规划的根本要求。村民是村庄建设的主体，要通过村民委员会动员、组织和引导村民以主人翁的意识和态度参与村庄规划编制，把村民商议和同意规划内容作为改进乡村规划工作的着力点。要构建村民商议决策，规划编制单位指导，政府组织、支持、批准的村庄规划编制机制。村庄规划在报送审批前，要经村民大会或者村民代表会议讨论同意。

（三）因地制宜，分类指导

针对各地发展基础、人口规模、资源禀赋、民俗文化等方面的差异，切实加强分类指导，注重因地制宜、因村施策，现阶段应以旧村改造和环境整治为主，不搞大拆大建，实行最严格的耕地保护制度，防止中心村建设占用基本农田。

（四）规划引领，示范带动

强化规划的引领和指导作用，科学编制美好乡村建设规划，切实做到先规划后建设、不规划不建设。按照统一规划、集中投入、分批实施的思路，坚持试点先行、量力而为，逐村整体推进，逐步配套完善，确保建一个成一个，防止一哄而上、盲目推进。

（五）城乡一体，统筹发展

建立以工促农、以城带乡的长效机制，统筹推进新型城镇化和美好乡村建设，深化户籍制改革，加快农民市民化步伐，加快城镇基础设施和公共服务向农村延伸覆盖，着力构建城乡经济社会发展一体化新格局。

三、乡村规划的任务与要求

（一）乡村规划的重点

随着经济社会快速发展和快速的城镇化进程，乡村地区面临着诸多错综复杂的问题，需要乡村规划去研究解决。特别是宏观区域层面，在生态、产业、空间、人口、设施等方面均面临诸多挑战。现有的县（市）总体规划虽然在规划范围上涵盖乡村地区，但其重点通常在于中心城区建设发展问题的解决，

而对于乡村地区关注较少，仅包括镇村体系、发展分区、综合交通、三区划定、公共服务等内容，没有从根本上解决乡村地区面临的建设发展问题。在此基础上，乡村地区为了满足建设发展需求，开展了许多类型的规划实践，如镇村布局规划、新村建设总体规划、乡村发展规划、美丽乡村规划等。这些规划实践往往着眼于乡村地区的某项要素开展深入的研究，或关注村庄聚落空间，或关注乡村产业，却没有对乡村地区综合空间特征和总体发展提出引导要求。而乡村地区是一个各项要素相互影响的综合体，将规划的重心放在个别方面，对乡村的整体发展无法起到较好的效果。因此在宏观层面，需要提出乡村总体规划的类型，其内容涵盖乡村的建设空间和非建设空间，重点关注对象是城镇规划范围以外的乡村地区。

乡村总体规划是一个综合性的地域规划，以规划区作为总体协调单元，实现对乡村地区建设发展的全面指导，是县（市）人民政府或乡（镇）人民政府统筹乡村空间、资源、政策的重要手段，也是指导乡村地区发展建设的直接依据。

（二）乡村规划的任务

乡村规划的基本任务是为百姓营造宜居的生活环境、宜业的生产环境、安全的生态环境。新时代的乡村规划应遵循党的十九大提出的村庄建设 20 字方针要求，即“产业兴旺、生态宜居、乡风文明、治理有效、生活富裕”，注重生产、生活、生态三位一体，实现人与自然的和谐发展，如图 2-1 所示。

（三）乡村规划的要求

1. 立足乡村发展视角协调统筹发展

乡村规划是一项综合性很强的工作，要立足乡村发展视角做好发展定位、规划控制、村庄建设、旧村整治与管理，乡村规划涉及经济、产业、文化、生态、建筑设计、景观规划、市政建设、能源利用、环境改造等方面，因此要求建设“五位一体”的乡村规划工作框架。

2. 促进乡村有序发展、人民自发致富

政府在制定规划实施时应多渠道筹集资金，加强城乡交流，引导城市企

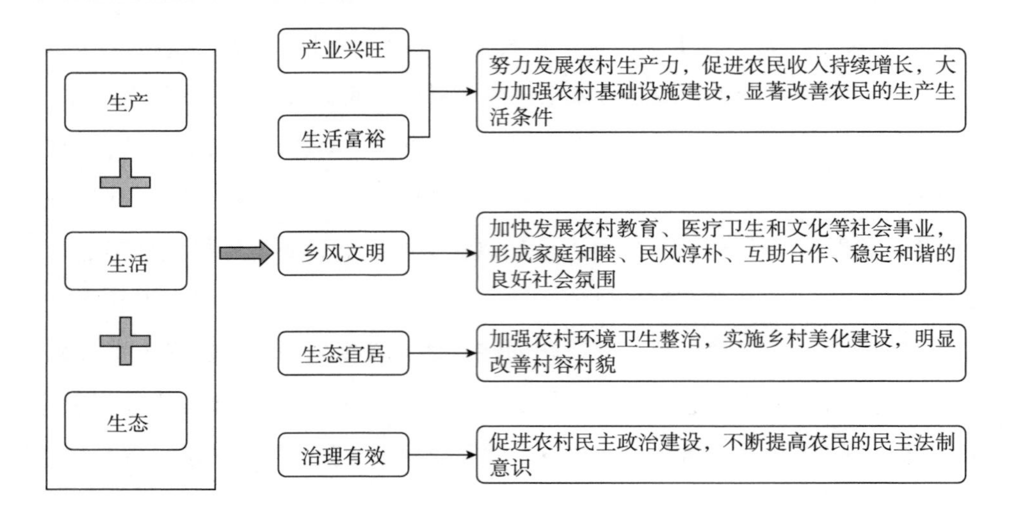

图 2-1　美丽乡村建设目标

业、机关、学校与农村建立合作关系；加快乡村基础设施建设，调动农民参与的积极性；加强对乡村文化教育的投入和生态环境的保护，提高农民素质，培养乡村管理人才。

3. 把农村优良传统与现代技术结合起来，实现乡村特色化

在制定乡村规划的同时，需要与城市规划区分开来，要发挥小城镇建设的优势，避免出现脏、乱、差现象，保持好乡村的田园风光。

4. 建立完善的乡村规划建设制度

我国规划体系的重点一直放在城市（镇）规划上，且已经形成了以总体规划—详细规划为主干的较完整的规划体系，但是乡村规划还没有形成一套完备的体系。因此，建立有效的乡村规划体系，形成完整的从宏观到微观的规划编制体系和程序刻不容缓。

5. 制定强有力的法律和政策

乡村的规划建设是一项复杂的工程，需要国家针对规划建设中的每个环节，制定相应的制度保障。

6. 加大对农业、乡村发展的研究

在乡村规划中，需要以科学的理论去指导实践，只有理论、方法论研究高于社会实践，才能让农村现代化、科技化，让新农村建设健康、快速发展。

第三节　乡村规划的基本内容

本节主要对县市级、镇乡域及村庄的乡村规划内容与成果要求进行介绍，落实省（自治区、直辖市）域城镇体系规划提出的要求，引导和调控市域、县域村镇的合理发展与空间布局，指导乡村总体规划和乡村建设规划的编制。

一、规划内容

（一）县市级乡村建设规划

1. 规划范围

县市域乡村建设规划应以县（市）城市规划建设区以外的全域国土空间为研究范围，以自然村为基本单元进行规划编制。

2. 规划期限

规划期限与县市域城乡总体规划期限一致，分为近期与远期，重在近期。

3. 规划内容

县市级乡村建设规划以问题和目标为导向，以“多规合一”为技术手段，规划编制内容涵盖“6+X”，做到乡村建设发展有目标、重要建设项目有安排、生态环境有管控、自然景观和文化遗产有保护、农村人居环境改善有措施的基本要求，如图 2-2 所示。

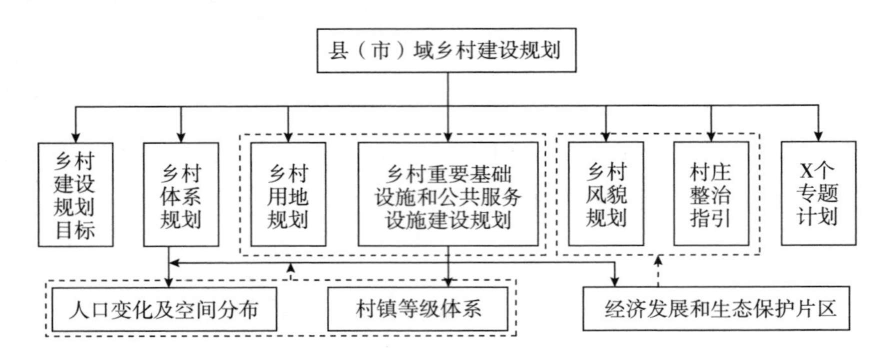

图 2-2 县市级乡村建设规划内容

（1）乡村建设规划目标。

从农房建设、乡村道路、安全饮水、生活垃圾和污水治理、生态保护、历史文化保护、产业发展等方面，因地制宜制定乡村建设中远期发展目标，明确乡村地区发展战略、路径、指标，统筹各职能部门的乡村建设项目，落实乡村建设决策的近期行动计划，改善农村人居环境的任务，最终实现全面建成小康社会的目标。

（2）乡村体系规划。

规划应围绕主体功能定位划定经济发展引导分区，依据空间特点差异分级划定分类治理分区，基于生态环境和资源利用特点划定管控分区，因地制宜构建镇村体系。空间管治规划（生态空间）重点是确定县域需要重点保护的区域，细化乡村地区主体功能的重点开发区域、限制开发区域和禁止开发区域，提出相应的空间资源保护与利用的限制和引导措施。

产业发展规划（生产空间）：基于本县域的农林牧渔条件及资源禀赋条件，明确乡村产业结构、发展方向和产业选择重点，寻求差异化的产业发展路径，划定经济发展片区，构建定位合理、特色突出的县域乡村产业体系，制定各片区的开发建设与控制引导的要求和措施，促进县域城乡产业多层次融合发展。

村镇体系规划（生活空间）：依据县域内不同规模、职能和特点的村镇，科学合理地确定村镇等级体系。村镇体系一般由重点镇（国家级重点镇或特色小镇）、一般乡镇、中心村、自然村四个等级构成，形成以乡镇政府驻地为综合公共服务中心、以中心村为基本服务单元的相对均衡的乡村空间布局模式。

（3）乡村用地规划。

根据县（市）城不同地区的用地适宜性条件、资源开发情况、生态环保和防灾减灾安全要求、扶贫支持政策等，研究生态、生产和生活空间内的建设用地模式划定乡村居民点管控边界，明确宅基地规模标准，提出农村居民点布局原则，并和土地利用规划中的约束性指标相协调。

（4）乡村重要基础设施和公共服务设施建设规划。

基于农村居民的出行距离、使用频率、设施服务半径来构建乡村生活圈，并通过交通、地形、资源等因素对设施服务半径影响进行修正和调整，并以适宜的“乡村生活圈”为依据，统筹配置教育、医疗、商业、文体等公共服务设施。以城乡统筹因地制宜为原则，确定县（市）域乡村供水、污水和垃圾治理、道路、电力、通信防灾等各类基础设施的规模、建设标准和选址意向。

（5）乡村风貌规划。

依据区位条件、乡土风情、生态格局、自然肌理、建筑风格等划定风貌分区，明确各类风貌管控区的建设要求及重点，从田园风光、建筑风貌、山水特色和文化保护等要素，着手制定分区图则分类引导村庄建设。

（6）村庄整治指引。

依据村庄规模、空心率、区位条件、综合现状、周边资源、市政条件等对村庄进行整治分类，并提出对应整治措施：一是建筑整治引导；二是基础设施建设，包括给水安全、污水处理、雨水排放、杆线改造、垃圾收运和道路硬化等；三是绿化景观改善，按照风貌分区制定乡村景观打造的通用导则，对滨水空间、村庄节点空间进行分类引导。

（7）X 个专题计划。

依据各地实际确定需要增添的规划内容，譬如历史文化名村保护规划等。

（二）镇（乡）域村庄布点规划

1. 规划任务

镇（乡）域村庄布点规划应依据城市总体规划和县市域总体规划，以镇（乡）域行政范围为单元进行编制，可作为镇总体规划和乡规划的组成部分，也可以单独编制。小城市试点镇、中心镇、重点镇等宜单独编制。

镇（乡）域村庄布点规划应明确镇（乡）域空间管制要求，明确各村庄的功能定位与产业职能，明确中心村、基层村等农村居民点的数量、规模和布局，明确镇（乡）域内公共服务设施和基础设施布局，提出村庄公共服务设施和基础设施的配置标准制定镇（乡）域村庄布点规划的实施时序。

2. 规划期限

镇（乡）域村庄布点规划的期限应与镇总体规划和乡规划保持一致，一般为 10~20 年。其中，近期规划为 3~5 年。

3. 规划内容

（1）村庄发展条件综合评价。

结合村庄现状特征及未来发展趋势，综合评价村庄发展条件，明确各村庄的发展潜力与优劣势，总结主要问题。

（2）村庄布点目标。

以镇（乡）域经济社会发展目标为主要依据，确定镇（乡）域村庄发展和布局的近远期目标。

（3）镇（乡）域村庄发展规模。

依据镇（乡）总体规划，结合农业生产特点、村庄职能等级、村庄重组和撤并特征以及村庄发展潜力等因素，科学预测乡镇域村庄人口发展规模与建设用地规模。

（4）镇（乡）域村庄空间布局。

明确“中心村—基层村—自然村（独立建设用地）”三级村庄居民点体系和各村庄功能定位，制定各级村庄的建设标准，并对主要建设项目进行综合部署。

（5）空间发展引导。

在镇（乡）域范围内划分积极发展的区域和村庄、引导发展的区域和村庄、限制发展的区域和村庄、禁止发展的区域和搬迁村庄四类区域，制定各区域和村庄规划管理措施。

（6）镇（乡）域村庄土地利用规划。

依据发展规模，进一步明确镇（乡）域各村庄建设用地指标和建设用地总量，提出城乡建设用地整合方案，重点确定中心村、基层村和自然村（独立建设用地）的建设用地发展方向和调整范围。

（7）基础设施规划。

综合考虑村庄的职能等级、发展规模和服务功能，合理确定各级村庄的行政管理、教育、医疗、文体、商业等公共服务设施的级别、层次与规模。

（8）公共服务设施规划。

统筹安排镇（乡）域道路交通、给水排水、电力电信、环境卫生等基础设施，提出各级村庄配置各类设施的原则、类型和标准，并提出各类设施的共建共享方案。

（9）环境保护与防灾减灾规划。

根据村庄所处的地理环境，综合考虑各类灾害的影响，明确建立综合防灾体系的原则和建设方针，划定镇（乡）域消防、洪涝、地质灾害等灾害易发区的范围，制定相应的防灾减灾措施。明确村庄环境保护的要求和控制标准，确定需要重点整治的村庄、污染源和防治措施。

（10）近期建设规划。

明确近期镇（乡）域村庄布点的原则、目标与重点，确定近期村庄空间布局、引导要求和重点建设项目部署，以及近期各村庄建设用地规模发展方向。

（11）规划实施建议和措施。

提出镇（乡）域村庄发展和布局的分类指导政策建议和措施，重点对近期规划提出有针对性的政策建议。

（三）村庄规划

1. 规划要求

村庄规划以行政村为单元进行编制，空间上已经连为一体的多个行政村可统一编制规划。村庄规划的规划区范围宜与村庄行政边界一致。

2. 规划期限

村庄规划的期限一般为10~20年，其中近期规划为3~5年。

3. 规划内容

村庄规划可分为村域规划和居民点（村庄建设用地）规划两个层次。村庄规划内容分为基础性与扩展性内容，基础性内容是各类村庄都必须要编制的，扩展性内容针对不同类型村庄可选择性编制。

（1）村域规划。

村域规划综合部署生态、生产、生活等各类空间，并与土地利用规划相衔接，统筹安排村域各项用地，并明确建设用地布局；居民点（村庄建设用地）规划重点为细化各类村庄建设用地布局，统筹安排基础设施与公共服务设施，提出景观风貌特色控制与村庄设计引导等内容。规划内容包括资源环境价值评估、发展目标与规模、生态保护规划、文化传承规划、村庄产业发展规划和空间管制规划。

1）资源环境价值评估。

提出镇（乡）域村庄发展和布局的分类指导政策建议和措施，重点对近期规划提出有针对性的政策建议。

2）发展目标与规模。

依据县市域总体规划、镇（乡）总体规划、镇（乡）域村庄布点规划以

及村庄发展的现状和趋势，提出近、远期村庄发展目标，进一步明确村庄功能定位与发展主题、村庄人口规模与建设用地规模。

3）生态保护规划。

在梳理乡村生态资源的基础上，针对山、水、林、田、村、居等生态要素，提出生态保护规划措施，构筑村域生态空间体系。

4）文化传承规划。

传承民族文化，保护地方传统，促进乡村经济发展，引领乡村规划建设。

5）村庄产业发展规划。

尊重村庄的自然生态环境、特色资源要素以及发展现实基础，充分发挥村庄区位与资源优势，围绕农村居民致富增收，加强农业现代化、规模化、标准化、特色化和效益化发展，培育旅游相关产业，进行业态与项目策划，提出村庄产业发展的思路和策略，实现产业发展与美丽乡村建设相协调。统筹规划村域一二三产业发展和空间布局，合理确定农业生产区、农副产品加工区、旅游发展区等产业集中区的选址和用地规模。

6）空间管制规划。

划定“三区四线”，并明确相应的管控要求和措施。村域空间布局，依据村域发展定位和目标，以路网、水系、生态廊道等为框架，明确生产、生活、生态“三生”融合的村域空间发展格局，明确生态保护农业生产、村庄建设的主要区域。

（2）居民点（村庄建设用地）规划。

1）村庄建设用地布局。

对居民点用地进行用地适宜性评价，综合考虑各类影响因素确定建设用地范围，充分结合村民生产生活方式，明确各类建设用地界线与用地性质，并提出居民点集中建设方案与措施。

2）旧村整治规划。

划定旧村整治范围，明确新村与旧村的空间布局关系；梳理内部公共服务设施用地、村庄道路用地、公用工程设施用地、公共绿地以及村民活动场所等用地；评价建筑质量，重点明确居民点中的拆除、保留、新建、改造的建筑；提出旧村的建筑、公共空间场所等的特色引导内容。

3）基础设施规划。

合理安排道路交通、给水排水、电力电信、能源利用及节能改造、环境卫生等基础设施。

4）公共服务设施规划。

合理确定行政管理、教育、医疗、文体、商业等公共服务设施的规模与布局。

5）村庄安全与防灾减灾。

应根据村庄所处的地理环境，综合考虑各类灾害的影响，明确建立村庄综合防灾体系，划定洪涝、地质灾害等灾害易发区的范围，制定防洪防涝、地质灾害防治、消防等相应的防灾减灾措施。

6）村庄历史文化保护。

提出村庄历史文化和特色风貌的保护原则；制定村中传统风貌、历史环境要素、传统建筑的保护与利用措施；列举历史遗存保护名录，包括文物保护单位、历史建筑、传统风貌建筑、重要地下文物埋藏区、历史环境要素等；提出非物质文化遗产的保护和传承措施。

（四）村庄设计

村庄设计是指村庄在新址建设和原址扩建之前，设计者按照传承历史文化、营造乡村风貌、彰显村庄特色、提高建设水平的要求，把村庄建设过程和使用过程中所存在的或可能发生的问题，事先做好通盘的设想，拟订好解决这些问题的办法方案，用图纸和文件表达出来，便于整个建设过程得以在预定的规划设计范围内。按照周密考虑的预定方案，步骤统一，顺利进行，并使建成的村庄建筑、环境与基础设施能充分满足使用者和社会所期望的各种要求。

村庄设计是对村庄规划的深化，分为村庄总体设计和村居设计两种类型。

1. 村庄总体设计

村庄总体设计应当从空间形态、空间序列、村貌设计、环境设计等层面进行谋划和布局。

（1）空间形态。

1）总体形态选择与设计。

村庄设计应从区域整体的空间格局维护和景观风貌营造的角度出发，通过视线通廊、对景点等视线分析的控制手法，协调好村庄与周边山林、水体、农田等重要自然景观资源之间的联系，形成有机交融的空间关系。村庄设计应根据地形地貌和村庄历史文化特征，灵活采用带状、团块状或散点状空间形态。在功能布局合理的前提下，可采用具有历史文化内涵的图案状平面形态。

2）路网格局。

村庄设计宜根据当地自然地形地貌，灵活选择路网格局——村庄肌理的延续与格局。村庄设计应尊重和协调村庄的原有肌理和格局。

3）建筑高度控制与天际线营造。

（2）空间序列。

空间序列由轴线和节点组成，轴线以道路、河网等为依托，串联村庄入口、重要的历史文化遗存、重要的公共建筑及公共空间等节点，形成完整的空间体系。

（3）环境设计。

环境设计主要指（村居）外部的景观设计，细分为交往空间设计、滨水空间设计、景观小品设计和绿化设计四项。交往空间设计包括村口空间、公共广场、街巷节点空间和道路空间设计。滨水空间设计包括桥梁、驳岸护砌及亲水设施设计。景观小品设计包括标识系统、扶手栏杆、坐具、废物箱、花坛、树池、挡土墙、路灯及景观灯设计。绿化设计分为公共空间、生产绿化、道路绿化、庭院绿化、滨水空间绿化和古树名木等。

（4）生态设计。

生态设计在村庄设计中应与村庄环境设计紧密结合，在展现乡野趣味的同时打造绿色乡村。村庄生态布局规划与设计主要包括三个方面：村庄景观整体意向规划、村庄景观功能分区及村庄景观地带规划。具体来说，主要包括村庄景观中的各种土地利用方式的规划（农、林、牧、水、交通、居民点、自然保护区等）、生态过程的设计、环境风貌的设计及各种乡村景观类型的规划设计，如农业景观、林地景观、草地景观、自然保护区景观、乡村群落景观等。

2. 村居设计

村居设计包括村居功能用房设计、村居建筑风貌设计、村庄公共建筑设计、村庄建筑风貌整治设计。

二、成果与要求

（一）县（市）级乡村建设规划

县（市）级乡村建设规划成果包括规划文本、图集、入库数据和附件（说明书、规划公示、公众参与规划听证等规划公开过程的相关记录）四项内容。其中数据库应为地理信息系统（GIS）数据，且文本和规划入库数据是规划的法律文件。

1. 规划文本

规划文本应以规划强制性内容为重点，围绕地方政府的管控要求进行条文式书写。条文应直接表述为规划指标、结论和要求，措辞准确，符合名词术语规定，体现法定性和政策性。

2. 规划图集

规划图集包括乡村居民点综合现状图、村庄布点规划图、乡村体系规划图、空间管制规划图、乡村产业布局规划图、综合交通规划图、公共服务设施规划图、基础设施规划图、乡村风貌规划图、村庄整治指引规划图、近期建设项目规划图。除上述必备图纸之外，可根据需要增加其他可选图纸，如

历史文化遗产保护规划图、综合防灾规划图、环境保护规划图、乡村旅游规划图等。

（二）镇（乡）域村庄布点规划

镇（乡）域村庄布点规划成果主要由规划文本、规划图纸和附件三部分组成，以纸质和电子文件两种形式表达。

1. 规划文本

规划文本包括规划总则、村庄布点目标、镇（乡）域村庄发展规模、镇（乡）域村庄空间布局、空间发展引导、镇（乡）域村庄的利用规划、基础设施规划、公共服务设施规划、环境保护与防灾减灾规划、近期建设规划、规划实施建议与措施等。

2. 规划图纸

规划图纸包括区域位置图、镇（乡）域村庄布局现状图、镇（乡）域村庄布局规划图、空间发展引导图、镇（乡）域村庄土地利用规划图、基础设施规划图、公共服务设施规划图、保护与防灾减灾规划图、近期建设规划图等（应标明图纸要素，如图名、图例、图标、图签、比例尺、指北针、风向玫瑰图等）。

3. 附件

附件包括：①规划说明书。规划说明是对规划文本的具体解释，主要是分析现状，论证规划意图，解释规划文本。②相关专题研究报告。针对总体规划重点问题、重点专项进行必要的专题分析，提出解决问题的思路、方法和建议，并形成专题研究报告。③基础资料汇编。规划编制过程中所采用的基础资料整理与汇总。

（三）村庄规划

村庄规划成果主要由规划文本、规划图纸及附件三部分组成，以纸质和电子文件两种形式表达。

1. 规划文本

规划文本包括规划总则、村域规划、居民点规划及相关附表等。

2. 规划图纸

(1) 村域规划。

村域规划包括村域现状图、村域空间布局规划图、村庄产业发展规划图、村域空间管制规划图等。

(2) 居民点(村庄建设用地)规划。

居民点(村庄建设用地)规划包括村庄用地现状图、村庄用地规划图、村庄总平面图、基础设施规划图、公共服务设施规划图、村庄防灾减灾规划图、村庄历史文化保护规划图、近期建设规划图等。同时,为加强村庄设计引导,可增加景观风貌规划设计指引图、重点地段(节点)设计图及效果图等(所有图纸均应标明图纸要素,如图名、图例、图标、图签、比例尺、指北针、风向玫瑰图等)。

3. 附件

附件包括规划说明、基础资料汇编等。

(四) 村庄设计

村庄设计的成果包括村庄总体设计、村庄居住建筑设计、村庄公共建筑设计、村庄建筑整治设计、村庄环境与生态设计、村庄基础设施设计等。

规划成果包括规划说明、规划图纸。

规划图纸包括村庄总体风貌分区图、村庄肌理与格局规划图、村居设计图、村庄公共建筑设计图、村庄建筑整治图、村庄环境设计图、村庄基础设施设计图。

第四节　乡村规划的工作程序

乡村规划涉及县(市)级乡村建设规划、镇(乡)域村庄布点规划、村

庄规划和村庄设计四个层面的规划内容，工作程序总体相同，但因涉及内容、特点不同略有差异，本节重点就县市级乡村建设规划和村庄规划作重点表述。

一、县市级乡村建设规划

（一）工作程序

县市级乡村建设规划的具体工作程序为：现状分析与评估—确定乡村建设目标—乡村体系规划—乡村用地规划—乡村公共服务设施规划—乡村市政基础设施规划—乡村风貌规划—乡村整治指引，如图 2-3 所示。

（二）规划方法

第一，基于全覆盖视角开展县域所有乡镇村落、基础设施、公共服务设施、用地条件、资源条件等调研，全面深化分析县（市）域村镇体系规划内容，实现规划研究对象（县（市）域所有乡镇村落）、重要市政基础设施建设安排和基本公共服务设施全面覆盖。

第二，基于“多规融合”视角进行乡村体系规划。深化“多规合一”乡村层面用地分类，汲取农业、林业、水利、旅游、国土等相关按照自身责权划定相应的规划控制线。按照底线控制原则，对全域乡村空间建设适宜性进行分析，划定村庄建设管控区：禁止建设区、控制建设区、适宜建设区和划入城镇建设区。同时，分区指引村庄分类，并加以管控。依据村庄所处的分区类型，综合考虑村庄交通可达性、现状人口集聚水平、基础公共服务设施、村庄周边可建用地存量等发展潜力因素，结合村庄特色资源，将所有村庄分为五类：择机撤减型、逐步衰减型、稳定发展型、适度成长型和城镇转化型。

第三，基于公共服务均等化原则和乡村人口流动特点构建村庄体系规划。规划既包括乡村居民点生活的整体设计，体现乡土化特征，也涵盖乡村农牧业生产性基础设施和公共服务设施的有效配置。规划以人的活动路径为依据的公共服务圈，进而构建城乡空间体系。以出行便利为原则，中心村庄的服务圈应打破行政村界。运用 GIS 平台，对辐射范围、人口规模可建设用地规模、已有

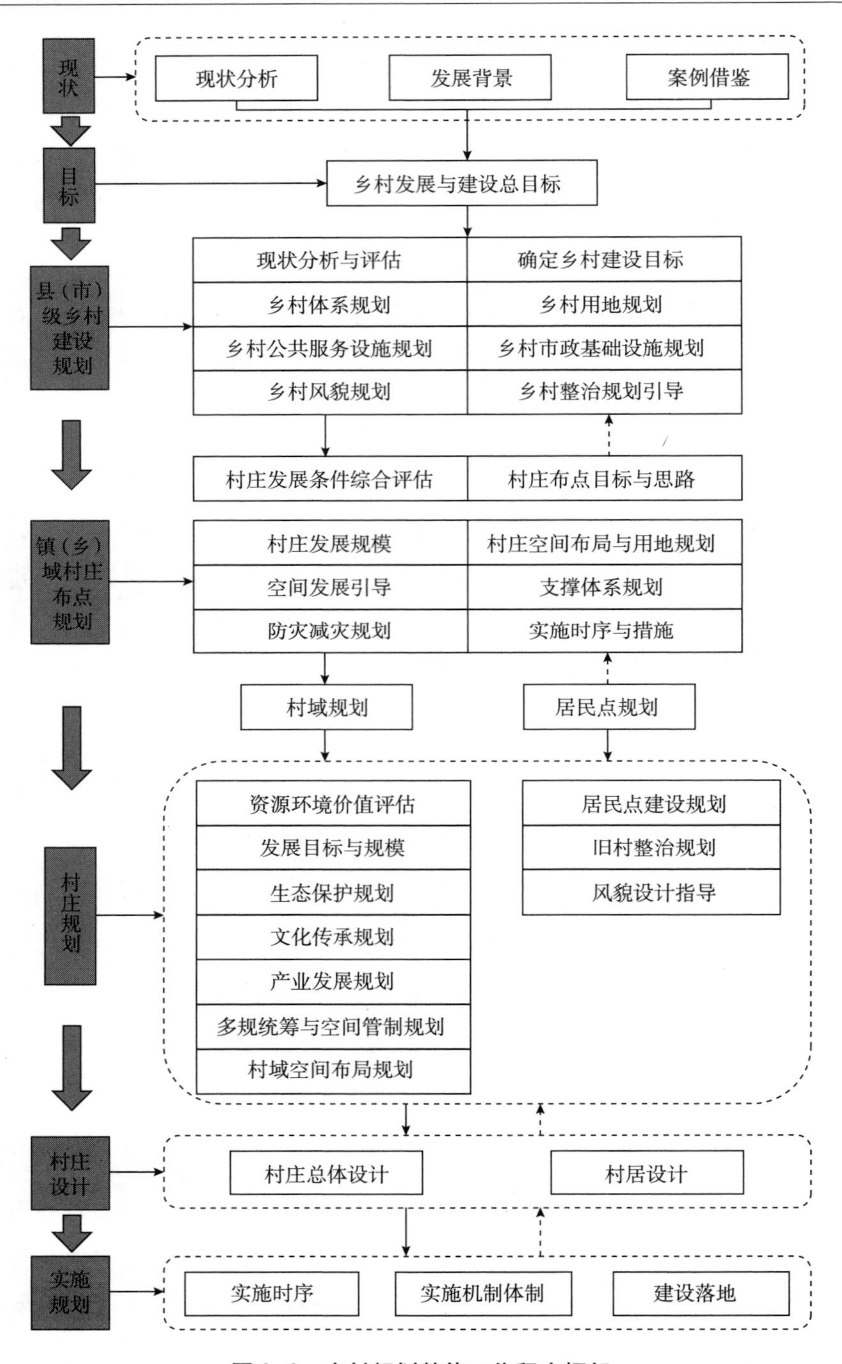

图 2-3　乡村规划整体工作程序框架

服务设施等因素生成中心村庄空间体系，通过服务圈层重叠或缺乏来反复校核中心村庄的选择。

第四，差别对待，因地制宜开展分区体系规划。规划应围绕主体功能定位划定经济发展引导分区，依据空间特点差异分级划定分类治理分区，基于生态环境和资源利用特点划定管控分区，进而因地制宜地构建镇村体系。

第五，基于特色彰显的分类分层原则开展乡村风貌规划。依据区位条件、乡土风情、生态格局、自然肌理、建筑风格等划定风貌分区，明确各类风貌管控区的建设要求及重点，从田园风光、建筑风貌、山水特色和文化保护等要素着手制定分区图则，分类引导村庄建设。

二、村庄规划

（一）工作程序

村庄规划的一般流程为：①摸清家底，开展资源调查与评估。②充分挖掘资源与发展潜力，提炼村庄特色。③基于主题定位与市场分析开展项目策划，做好村庄产业发展规划。④基于需求确定发展目标与规模预测。⑤基于空间管制与乡村建设（旅游）需求做好村域空间规划。⑥基于村民需求做好居民点规划。⑦基于美丽乡村建设需求做好环境提升设计。⑧基于村庄项目实施做好时序安排与近期建设项目资金预测。

在村庄规划的工作程序中，只有通盘考虑土地利用、产业发展、人居环境整治、生态保护，统筹做好村庄布局规划、村庄建设规划，才能编制出多规合一的实用性村庄规划。

（二）村庄规划方法

现有的村庄规划包括很多方法，徐宁、梅耀林提出乡村规划“五型方法”，包括需求型规划、层次型规划、行动型规划、共识型规划、长效型规划，可以在开展乡村规划与设计时参考。

1. 基于需求型规划厘清乡村建设的各方要求

乡村规划应本着尊重村民意愿的原则，把握村民对宜居生活的环境与设施需求；同时为加强规划可操作性，了解村干部关于村庄发展的整体意愿，并在此基础上，从村域统筹视角提出规划引导需求。

2. 基于层次型规划特征建构乡村规划内容体系

乡村规划从内容来看，包含引导、控制与行动三个方面，规划要按照村庄资源条件和产业发展策划，引导人口适度集聚，并对村庄设施配套、村民个人建房等提出管控要求，然后制订村庄近远期行动计划。

3. 基于行动型规划细化乡村规划实施导则

对各项工程和各类子项目进行核算，提供建设规模、参考单价、建设内容、建设费用和建设时序等，便于村庄以“项目化”的方式有序推进。

4. 基于共识型规划组织流程

乡村规划的流程包含编制前期、编制过程和编制后期三个阶段。编制前期通过动员沟通、交流讨论形成关于乡村发展问题和发展期望的共识；编制过程通过方案比选、成果公示并听取村民、村干部各方意见加以修改完善；编制后期通过各种宣传，加深村民对乡村规划方案的认识，提升行动力。

5. 基于长效型规划编制乡村规划共识手册

乡村规划的实施是一个非常复杂的过程，因此要探索适合乡村发展的长效型机制，通过村民共识手册、乡村民约等本土化手段提升规划实施的有效性，促进乡村可持续发展。

思考题

1. 乡村规划的基本原则包括哪些？
2. 村庄规划的工作程序有哪些？
3. 在乡村振兴视角下，乡村规划应注意哪些问题？

参考文献

［1］戈大专．新时代中国乡村特征及其多尺度治理［J］．地理学报，2023（05）：1-20.

［2］王翼飞．黑龙江省乡村聚落形态基因研究［D］．哈尔滨：哈尔滨工业大学，2021.

［3］陈树龙，毛建光，褚广平．乡村规划与设计［M］．北京：中国建材工业出版社，2021.

［4］汪晓春．乡村规划体系构建研究［D］．哈尔滨：哈尔滨工业大学，2018.

［5］中华人民共和国中央人民政府．乡村建设行动实施方案［EB/OL］．［2023-05-17］．www. gov. cn.

［6］陈前虎．乡村规划与设计［M］．北京：中国建筑工业出版社，2018.

［7］熊英伟，刘弘涛，杨剑．乡村规划与设计［M］．南京：东南大学出版社，2017.

［8］魏旺拴．实施乡村振兴战略路径研究［M］．北京：中国经济出版社，2020.

［9］胡秋红．中国梦·美丽乡村建设乡村美景［M］．广州：广东科技出版社，2016.

［10］刘汉成，夏亚华．乡村振兴战略的理论与实践［M］．北京：中国经济出版社，2019.

第二篇

乡村规划的类型

第三章　村域规划

村庄规划是推动经济建设中心的一个重要举措，是打破城乡二元结构的先决条件，是解决“三农”问题的关键措施。所以要建设好社会主义新农村，首先要编制好村庄发展规划。村域规划是村庄规划的重要组成部分，也是村庄规划编制的重要内容，是衔接镇村体系规划和村庄建设规划的重要环节，也是乡村全域统筹和多规融合的关键对象。

第一节　村域规划的主要任务和原则

一、主要任务

在村庄资源环境价值评估的基础上，提出村庄发展目标，构建村庄发展策略，明确村庄功能定位，设计村庄主题名片；重点围绕生态保护、产业发展、文化传承三个方面，综合部署生态、生产、生活等各类空间；在此基础上，提出村域空间管制的思路与内容，统筹安排村域各项用地。

二、主要原则

（一）自然与生态保护优先原则

尊重村庄自然格局、地形地貌，保护村庄生态环境历史文化，处理好山、水、田等生态保护与村庄建设的关系。

（二）因地制宜、与时俱进原则

根据当地自然生态条件、地方文化特色、经济社会发展水平，结合当前及未来人类生产、生活方式的变化，提出村庄发展的目标定位功能分区与用地布局，增强村域规划的适用性。

（三）突出特色原则

突出乡村风情和地方文化，确定富有个性的村庄定位与发展主题，塑造富有乡土气息的人文环境与景观风貌。

（四）协调整合原则

加强与周边区域及上位规划、土地利用总体规划、经济社会发展规划、生态环境保护规划和各专项规划的协调与整合，合理部署村域生态、生产生活等各类空间。

第二节　生态保护规划

一、背景与任务

（一）背景条件

乡村地区地域广袤、生态良好、环境优美，大多具有典型的山、林、水、田、村、居等相互交融的乡村生态格局。然而，当前乡村地区发展相对落后，

在传统的乡村发展建设过程中，往往以环境污染为代价，严重破坏了乡村的生态平衡，乡村生态保护迫在眉睫。

早在2007年，党的十七大报告中就提出了生态文明的概念，要建设生态文明，基本形成节约能源资源和保护生态环境的产业结构、增长方式、消费模式。党的十八大提出，大力推进生态文明建设，优化国土空间格局。党的十九大指出，要实施乡村振兴战略，必须始终把解决好“三农”问题作为全党工作的重中之重。党的二十大指出，要全面推进乡村振兴，要坚持农业农村优先发展，坚持城乡融合发展，畅通城乡要素流动。

（二）主要任务

乡村生态保护规划应在梳理乡村生态资源的基础上，针对山、水、林、田、村、居等生态要素，提出生态保护规划措施，构筑村域生态空间体系。主要任务如下：

第一，梳理乡村生态资源，分析各类资源的生态敏感性，构建村域整体生态格局；

第二，保育与恢复乡村原生态资源，低干扰、少进入，维护村域生态基底；

第三，发展绿色生态农业，在保护耕地基础上构建农业生产景观体系；

第四，在村落选址、营建过程中强调自然生态原则，加强绿色低碳生态技术在民居建筑中的应用。

二、乡村生态资源分析

乡村自然生态资源类型多样，根据山、水、林、田、村、居等生态要素类型以及生态保护措施的不同，一般可以分为山地森林、河流水域、生物群落、一般林区、农业田园、生态渔场、草原牧场、村落和民居等，如表3-1所示。

表 3-1　乡村生态资源要素分类

<table>
<tr><th colspan="2">生态资源分类</th><th>资源品种</th><th>生态保护措施</th></tr>
<tr><td rowspan="3">山、水</td><td>山地森林</td><td>森林、山丘、独峰、奇石、峡谷、岩穴等</td><td rowspan="3">保育与恢复</td></tr>
<tr><td>河流水域</td><td>岛、河段、天然湖泊、人工水库、沼泽、湿地、瀑布</td></tr>
<tr><td>生物群落</td><td>古树古木、花卉、动物栖息地、生物群落景观等</td></tr>
<tr><td rowspan="4">林、田</td><td>一般林区</td><td>低山丘陵、种植园、采摘果园</td><td rowspan="4">生产与管控</td></tr>
<tr><td>农业田园</td><td>农业生产场景、旱地、梯田等</td></tr>
<tr><td>生态渔场</td><td>水乡、淡水渔场</td></tr>
<tr><td>草原牧场</td><td>草原景观、放牧景观、农场等</td></tr>
<tr><td rowspan="2">村、居</td><td>村落</td><td>村落选址、布局形态、空间肌理</td><td rowspan="2">布局与营建</td></tr>
<tr><td>民居</td><td>民居形式、建筑材料、建造技术</td></tr>
</table>

三、村域总体生态格局构建

通过山、水、林、田、村、居等要素的生态敏感度分析，以维持乡村原生生态格局、维护乡村原有生态平衡为目标，依托山林、水网、河湖、田园、绿树和风光等自然要素，使乡村人居环境与之和谐共生。在村域规划中，应充分解析现有各类生态资源，以保护为基本目标，划定生态底线，并建立空间准入机制；防止大兴土木、大拆大建而破坏乡村生态系统；充分遵循山水林田村居的分布格局，针对不同区域选择采取生态保育与恢复、农林生态管控、村落民居生态营建等生态保护措施，构建完整的村域生态保护格局。

四、山水生态保育

生态保育包含“保护”和“复育”两个方面。前者是针对生物物种与其栖息地的保存与维护，而后者则是针对退化生态系统的恢复、改良和重建工作。生态保育运用生态学的原理，监测人与生态系统间的相互影响，包含对生态的普查与野生动植物的饲育、自然景观生态的维护工作等，并协调人与生物圈的相互关系以达到自然资源的可持续利用与永续维护。

由生态保育所衍生的重要内容，包括永续生物资源的利用、生态活动与减少干扰生态系统等。其中，生态活动的推广较为多元，不仅包含具有教育性质、休闲性质等有助于观光产业与地方经济发展的活动，同时也包括观鸟活动、生态旅游与生态导览等。

乡村生态保育是基于生态敏感度划定的生态保护红线范围，以山水空间为主要载体开展保育工作。对象主要包括行洪河道、水源地一级保护区、风景名胜区核心区、自然保护区核心区和缓冲区、森林湿地公园生态保育区和恢复重建区、地质公园核心区、生态公益林等。这些区域应尽可能保持原生状态，以低干预、低准入为基本原则，保育生态要素的原真性，保护生物群落的多样化，在维护生态景观的复合化原则上禁止任何生产和建设行为。对已造成破坏的格局，应积极通过植树造林、退宅还林、退耕还林、水土保持、水系疏浚、污染治理等措施加强生态修复。对任何不符合资源环境保护要求的建设项目要进行搬迁，对现状已存在的建筑、设施和人类活动积极引导外迁（见图 3-1）。

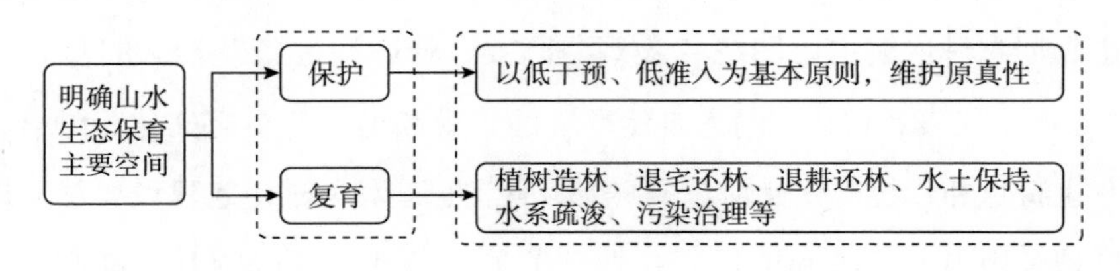

图 3-1　乡村山水生态保育措施框架

五、农林生态管控

农林生态管控主要是针对村域内从事生态农业种植、林业、畜牧业、副业、水产养殖业的农业生产区域，包括基本农田保护区、一般耕地、一般林地、山地等。该区域属于不可建设的生态空间管控区，以保护耕地和基本农田为基本原则，以农业生产为基本职能，控制农用地转建设用地。一方面，要严格控制永久性基本农田红线，禁止任何城乡建设行为，任何单位和个人不得改变或者占用；另一方面，该区域在不改变农业基本功能的基础上，引入田园景观设计，加强大地景观建设，在农作物选择、农业景观塑造等方面进行适当引导。

六、村落生态营建

村落生态营建主要包括村落选址营建和农村住宅生态化建设。

（一）村落选址营建

传统村落选址营建和中国各地的社会文化、居住习俗，以及地理水土、环境气候、风土人情都有着密切关系。传统村落一般依山而建、依田而筑、临水而居，尊重自然美反映了因势因地而建的生态环境特色，彰显了与自然环境和谐共生的“生态适应性”。在村域规划中，应积极引导新旧村落的“生态适应性”建设，对村落格局和内在肌理进行梳理，注重村落与山体、地形、水系、环境的相互融合，在保持原有村落肌理的基础上，充分与自然景观融合，营造自然和谐的人居环境。

（二）农村住宅生态化建设

生态型农村住宅主要围绕“美观、高效、舒适和健康”四大目标进行建设。“美观”代表农村住宅与大自然环境的景观和谐，与生态文化相融合，并保持乡土特色和传统文化元素。“高效”是指生态型农村住宅建设要尽可能最大限度地利用当地资源和能源，并做到节能、节地、节材的基本准则。“舒适”要求农村住宅有适宜的温度、湿度和通风条件，以满足人体舒适度。“健康”是生态住宅建设的最终目标，要能够有益于人的身心健康。依据上述四大目标，形成农村住宅生态化建设的四个基本要点：

第一，地域文化传承。生态型农村住宅应反映地方文化与自然环境特色，与住宅周边环境相协调。住宅建筑应具有农村住宅的特色风貌，住宅庭院应保持乡土特色及绿色生态。

第二，外围护结构节能。针对目前农村住宅存在建筑主体节能水平低、能源消耗大的突出问题，生态型农村住宅建设应做到外围护结构的节能要求。主要是增强住宅屋顶、内外墙体、内部地面、外门窗、檐廊遮阳设施等外围护结构的保温性。

第三，能源资源利用。除了常规能源系统的优化利用，主要包括对可再生能源如太阳能的充分利用，对雨水的合理收集与有效利用，以及采取分散化集中的方式处理污水等。

第四，绿色材料使用。生态型农村住宅建设要倡导使用绿色建材、就地取材、资源再利用。

第三节　产业发展规划

一、主要任务与内容

（一）乡村产业分类

在乡村产业中，农业一直以来是基础产业，占用农村大量劳动力；非农产业主要包括为农业生产服务的生产资料供应业、农产品运输业、农产品销售业以及为农民生活服务的建筑业、工业、商业和服务业。在乡村产业经济发展过程中，乡村产业之间的比例关系和相互关系（产业结构）在不断调整优化。乡村农业从简单再生产时代的单一种植业逐步进化调整为大农业，再继续上升到产业多元化发展。乡村产业类型由单一到多元，逐步细化的过程，使乡村产业结构日益合理，生态循环愈益平衡，经济效益越来越好。乡村产业的分类方式有以下几种：

第一，按产业性质分为物质生产部门和与此有关的非物质生产部门。

第二，按产业内容分为农业、乡村工业、建筑业、交通运输业、商业和服务业六大产业。

第三，按产业分工特点分为第一产业、第二产业和第三产业。第一产业为农业种植业；第二产业以农产品加工业、建筑业为主；第三产业包括为乡村生产、生活服务的生产资料供应、农产品销售、农产品运输业、生活服务业等服务业，以及对外经营服务的乡村服务业，如乡村休闲、旅游服务业等。

（二）乡村产业发展规划的任务

以乡村产业兴旺为总体要求，以提高农民收入水平、实现农民美好生活为主要目标，明确乡村产业发展规划任务。

第一，积极融入区域产业分工，加快转变农业生产发展方式，提升农作物种植技术水平，增加传统产业产量。

第二，调整乡村经济产业结构，依托现有产业基础，大力发展地方特色产业，推进农业产品加工、观光农业产业开发，实现农业高效化、生态化、品牌化、标准化发展，提高农业综合生产力水平。

第三，构建现代农业产业体系、生产体系、经营体系，完善农业支持保护制度，发展多种形式适度规模经营，培育新型农业经营主体，健全农业社会化服务体系，实现小农户和现代农业发展有机衔接。

第四，促进农村一二三产业融合发展，支持和鼓励农民就业创业，增加村民就业机会，实现村民的充分就业，拓宽增收渠道，从根本上提高农民的生活质量。

（三）乡村产业发展规划的内容与思路

（1）产业基础分析。

从宏观、中观、微观等角度分析乡村所在地区的产业发展趋势及自身产业发展基础，确立乡村产业发展定位。

（2）产业发展目标。

以产业兴旺、生活富裕为总体要求，从产业品牌建设、产业体系构建、产业融合发展等方面，确立乡村产业发展分项目标；根据当前面临的发展需求，可以按时间阶段明确产业发展分步目标。

（3）产业发展策略。

基于产业发展目标，从传统农业、挖潜特色产业、促进农村一二三产业融

合发展等方面深入剖析，具体谋划乡村发展策略，并为后期的产业发展引导与空间布局提供基础支撑。

（4）产业发展引导。

在产业基础分析和发展目标明确的基础上，确定乡村主导产业；并针对主导产业特点，进行产业项目策划，并选择具体的产业项目。

（5）产业空间布局。

将选择的具体产业项目在村域空间上进行落实，确保各产业空间落地。

（6）特色产业发展。

在符合主导产业培育的基础上，针对特色农业、特色加工业、特色服务业与休闲旅游业等产业体系进行周密分析，从品牌建设、产业联动、技术推广、空间分布等方面提出乡村发展的思路与建议。

乡村产业发展规划的内容与思路框架如图 3-2 所示。

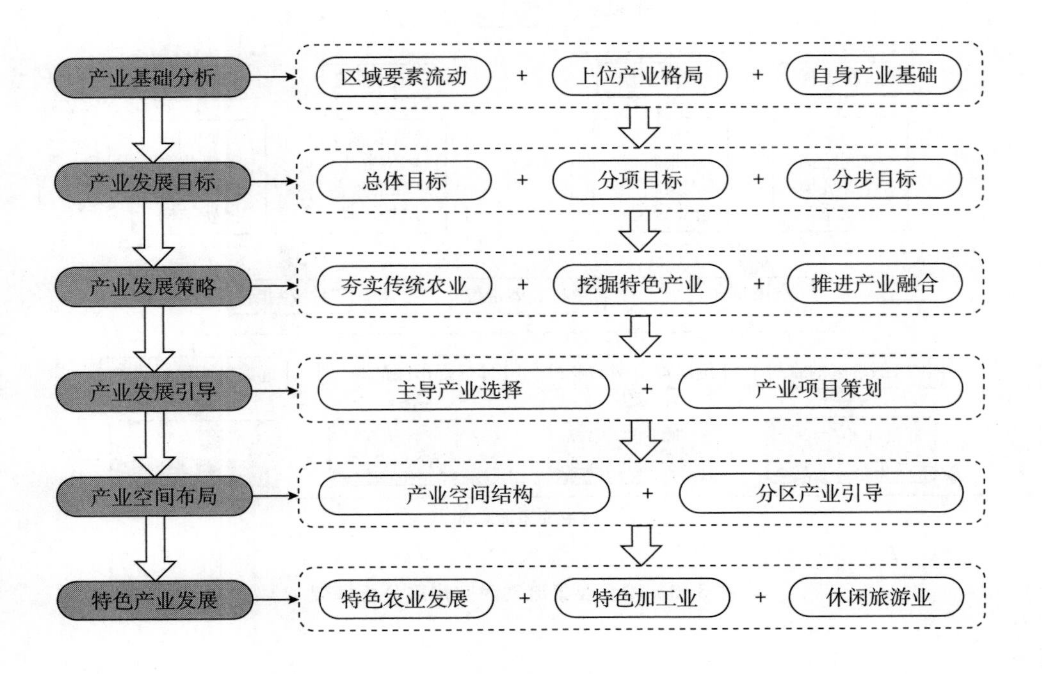

图 3-2　乡村产业发展规划的内容与思路框架

二、产业基础分析

产业基础分析是乡村产业发展规划的基本内容。主要包括：城乡要素流动时空格局分析、乡村所处区域产业发展趋势研判、乡村自身产业发展基础分析等。

（一）城乡要素流动时空格局分析

通过对乡村的区位条件、要素供给等方面的空域认知，以及从区域的市场需求经济水平等方面的时域认知，分析乡村所在地区的城乡要素流动时空格局。例如，可以将大都市外围不同区位条件的乡村划分为多种产业空间属性，包括日常体验型消费乡村产业空间、主题公园型消费乡村产业空间、半生产半消费型乡村产业空间、季节性都市农业乡村产业空间等，如图 3-3 所示。

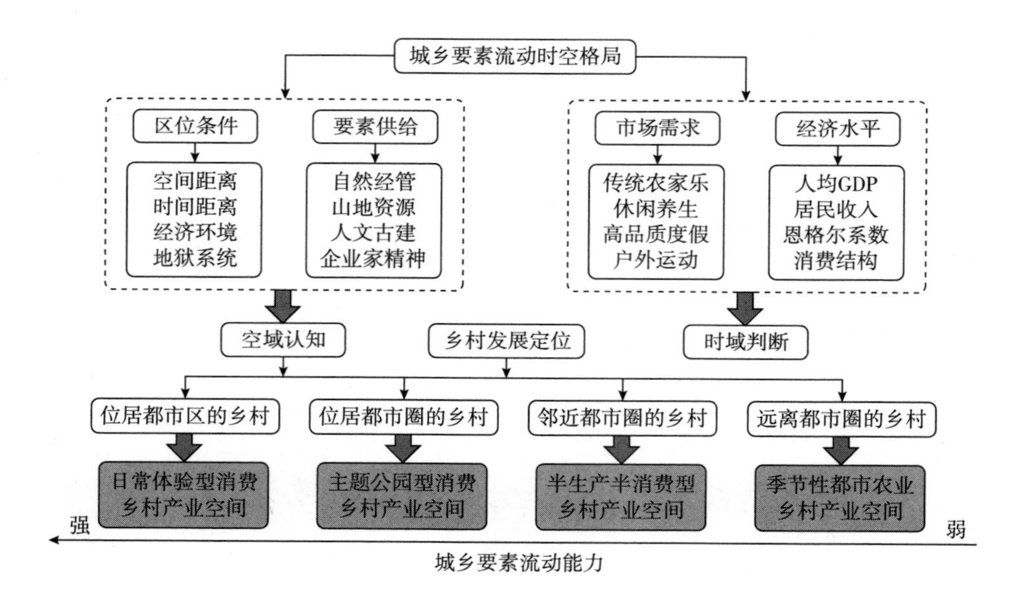

图 3-3 城乡要素流动时空格局分析框架

（二）乡村所处区域产业发展趋势研判

从上述规划分析角度着手，与地区、县（市）域、镇（乡）域等产业发展规划相衔接，判断区域产业发展趋势，剖析乡村在不同区域层面的产业分工与发展依托，为挖掘乡村产业发展潜力，选择乡村主导产业提供区域支撑。

（三）乡村自身产业发展基础分析

主要从乡村自身的产业类型、产业规模、产业分布、产业资源等方面进行分析总结。

三、产业发展目标

（一）总体目标

乡村产业发展的总体目标主要包括以下几个方面：

1. 培养乡村“造血”机能

建设并发挥乡村作为基层经济单元的生产作用，积极整合并合理利用各种资源优势，因地制宜发展产业，提升乡村经济实力，培养乡村自身经济“造血”机能，实现乡村产业的可持续发展。

2. 增加农民收入

加强现代农业建设，促进乡村一二三产业互动发展，增加村民就业机会，多渠道提高村民收入，从根本上提高农民的生活质量。

3. 提高农业综合生产力水平

积极融入区域产业分工，加快转变农业生产发展方式。调整乡村产业结构，依托现有产业基础，大力发展地方特色产业，实现农业高效化、生态化、品牌化、标准化发展，提高农业综合生产力水平。

4. 弘扬传统文化

保护和培育以传统手艺、传统美食、历史人文类资源为基础的相关产业，包括特色农产品生产产业、历史文化型产业、革命纪念地型产业，以及其他展现农耕文化型产业，弘扬乡村传统文化。

（二）分项目标

乡村产业发展的分项目标是指与乡村产业培育相关的各种因素所达到的具体目标。乡村产业发展的分项目标以产业要素为导向，与乡村产业发展规划的任务相对应，如图 3-4、图 3-5 所示。

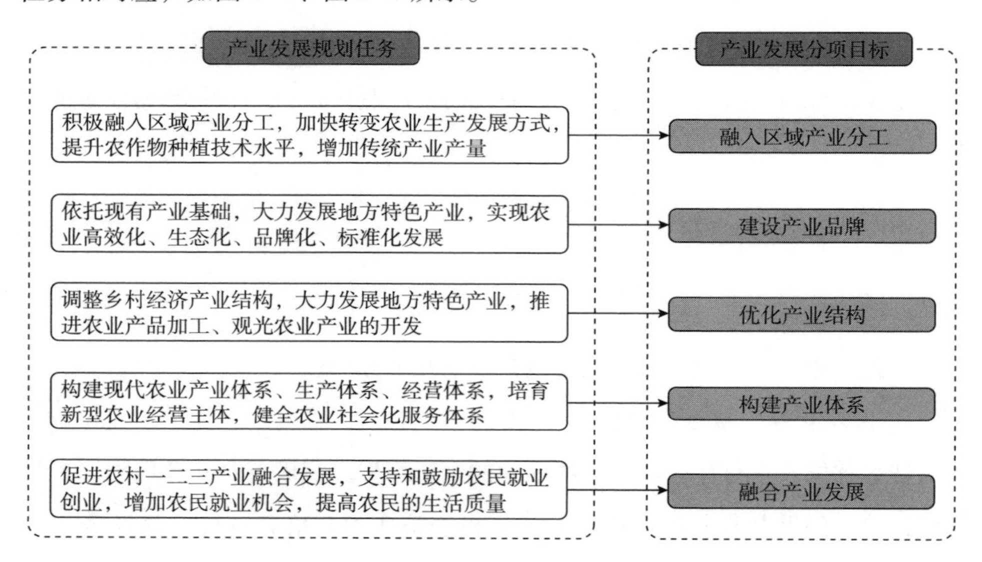

图 3-4　以产业发展规划任务为导向的乡村产业发展分项目标

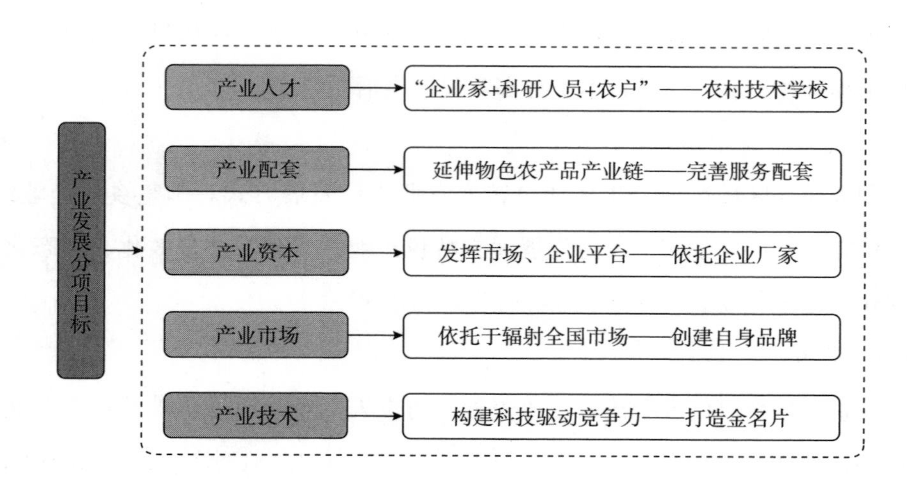

图 3-5　以产业要素为导向的乡村产业发展分项目标

（三）分步目标

乡村产业发展的分步目标与各阶段的具体产业建设项目相对应。在不同的阶段主导产业的培育与具体产业项目会有所变化，至规划期末达到产业发展分项目标要求。

四、产业发展基本策略

（一）夯实传统农业基础

农业生产是乡村的基本职能，各乡村依托自身的自然资源，发展了以农业种植、林业、畜牧业、副业（饲料等）、水产养殖业等为主的传统产业。在乡村产业发展引导过程中，应有效利用现有的传统产业基础，转变农业生产方式、扩大农业种植规模、创新农业组织方式，进一步夯实乡村的传统农业基础。

（二）挖潜特色产业经济

乡村特色产业一般属于乡村的主导产业，是实施“一村一品”、推进乡村经济发展的关键内容。针对乡村产业基础、发展条件、人力资源和就业水平等因素，整合乡村各类资源，从区域城乡统筹和乡村错位分工角度，明确乡村特色产业。在特色产业发展引导中，通过专业化生产、前后向延伸、规模化建设等措施，挖潜特色产业经济。

（三）推进产业融合发展

乡村产业融合发展就是以农业为基本依托，通过产业集聚、产业联动、技术渗透体制创新等方式，将资本、技术以及资源要素进行集约化配置，使农业生产、农产品加工和销售、休闲旅游以及其他服务业有机地整合在一起，使农村一二三产业紧密相连、协同发展，最终实现农业产业链延伸、产业范围扩展和农民收入增加的发展目标。

五、产业发展引导

产业发展引导是乡村产业发展规划的主要内容，包括乡村主导产业确定和产业项目策划两个方面。

（一）主导产业确定

依据产业现状基础和产业发展目标，确定乡村主导产业。结合现状的地形地貌资源条件、产业产品，以及发展目标、服务群体、经营方式等，一般可以把乡村主导产业划分为农业主导型、加工主导型、商旅主导型、混合发展型四种类型，如图 3-6 所示。

地貌：平原丘陵、山地型、田园水乡
条件：农业资源+山林资源+养殖业基础
产品：绿色农副产品
客群：村民+外部消费市场
行为：集体合作型+企业主导型
目标：增加农业产量+提高村民收入+带动旅游业

地貌：山地丘陵、田园水乡
条件：人文资源+乡村企业
产品：文化饰品、手工艺品、农产品加工
客群：村民+外部消费市场
行为：企业主导型+村民自主型
目标：增加村民收入+提供就业机会+弘扬文化+带动旅游业

地貌：平原丘陵、山地型、田园水乡
条件：景观资源+交通便利+人文资源+物流交易
产品：度假+餐饮+观光+购物+美丽宜居
客群：游客+企业白领+村民
行为：村民自主型+集体合作型+开发主导型+政府引导型
目标：增加村民就业机会+提高村民收入+带动旅游业发展+弘扬文化

地貌：平原丘陵、山地型、田园水乡
条件：经济基础+资源价值+区位条件+人文资源+依附景区
产品：度假+餐饮+观光+购物+体验+美丽宜居
客群：游客+村民+外部消费市场
行为：村民自主型+集体合作型+开发主导型+政府引导型
目标：增加村民就业+提高村民收入+带动旅游业发展+弘扬文化+增加农产品

图 3-6　四种主导产业确定思路

资料来源：《让乡村“回家”——重建可持续发展的乡村之路》。

（二）产业项目策划

乡村产业项目策划是指基于乡村现有产业基础或产业发展预期，对适宜、可行的项目进行发掘、论证、包装、推介，并对未来的发展起到指导和控制作用。乡村产业项目策划是一种建设性的逻辑思维过程，也是产业空间落地与土地利用布局的关键；策划的项目应遵循适宜性、可行性、创新性、价值性、可持续性等原则，并形成乡村建设的项目清单。

六、产业空间布局

在明确乡村产业发展策略和产业项目策划之后，就要进行乡村空间统筹，将产业发展需求进行空间落定。村域规划将统筹一二三产业发展和空间布局，合理确定农业生产区、农副产品加工区、旅游发展区等产业集中区的布局和用地规模，并进行产业项目布局。

村域产业空间布局应遵循以下要求：

第一，区域协作。村域产业空间布局要贯彻区域产业布局一盘棋的原则。遵循上位产业布局规划，可以更好地发挥各乡村的资源优势，避免重复建设和盲目生产；也可以更好地处理与周边乡村产业协作关系，实现乡村地区产业布局的合理分工。

第二，全域覆盖。村域产业空间布局应明确村域各个片区的产业发展导向，合理确定农、林、牧、副、渔业以及农副产品加工、旅游发展等产业发展分区，实现空间布局全域化。

第三，集中与分散相结合。农、林、牧、副、渔等产业，由于涉及的农田、林地规模较大，空间分布相对分散，在村域产业空间布局中主要采取整片划定的方式，农副产品加工业、旅游服务业、研发型产业（如良种研发）、其他服务业等二三产业，在区位上相对集中分布，往往形成村域内的生产中心、服务中心等。

第四，保护生态环境。避免乡村产业经济发展对环境的污染和对生态环境的破坏，在村域产业空间布局中，特别是在划定大面积产业空间时，应与生态环境保育和自然资源保护相结合。

产业发展策略、产业项目策划和产业空间布局三者之间存在着相互关联、相辅相成的关系。产业发展策略决定了产业项目的选择，好的产业项目在一定的情况下又会影响甚至改变乡村的产业发展策略；产业发展策略、产业项目策划决定了产业空间布局，但受地形地貌、资源分布等影响，产业空间布局又会引导产业定位和产业项目策划的调整。

第四节　乡村文化传承规划

一、乡村文化内涵

文化是人类在社会历史实践过程中所创造的一切财富的总和，也包括社会的意识形态和价值观念。相对于城市文化，乡村文化是源于乡土并依存于乡土的文化，是村民在广大农村地域生产、生活过程中所形成的文化，也是村民在与自然环境的相互作用过程中所创造出来的一切物质财富和精神财富的总和。乡村文化具有历史性、持续性、可传承性。乡村文化是城市文化发展的基础和源泉，与城市文化相比，乡村文化具有更久远的历史和更丰富的载体。

二、乡村文化构成

每个乡村都有悠久的历史，少则几百年，多则上千年。悠久的成长历史也使每个乡村都拥有丰富的文化内容。乡村文化涵盖了田园景观、农耕文化、建筑文化、伙食文化、手工艺文化、家庭文化、艺术文化等传统乡村生活的方方面面，并由物质文化、行为文化、制度文化、精神文化几个方面组成，是一种

发生于传统农业社会、以农民为载体的文化，通过乡村群众和集体努力创造并世代传承而逐步形成，具有适应当地经济社会发展的各种功能的文化体系。乡村文化也是一种包括政治、经济、居住、建筑、民俗信仰、制度、饮食等诸要素在内的文化体系，可分为四个层次：①表层——乡村物质文化。②里层——乡村行为文化。③深层——乡村制度文化。④核心——乡村精神文化。也可以将乡村文化分为物质文化和非物质文化，其中物质文化包含自然景观、空间肌理、传统民居、宗祠建筑、空间节点、街巷景观，非物质文化包含山水文化、传统文化、风土人情文化、生产文化、制度文化。

综合所述，结合山、水、林、田、村、居等乡村物质生态要素和习俗、精神文化等非物质要素，将乡村文化划分为物质文化和非物质文化两大类。其中物质文化与山、水、林、田、村、居等物质空间格局相关，包括山水文化、传统文化、布局肌理、传统街巷、空间节点、建筑文化、历史环境要素等内容；非物质文化又包括生产生活方式与精神文化制度两个方面，可进一步细分为农耕文化、工商文化、生活习俗、文学艺术、宗教信仰、村规制度等，如图 3-7、表 3-2 所示。

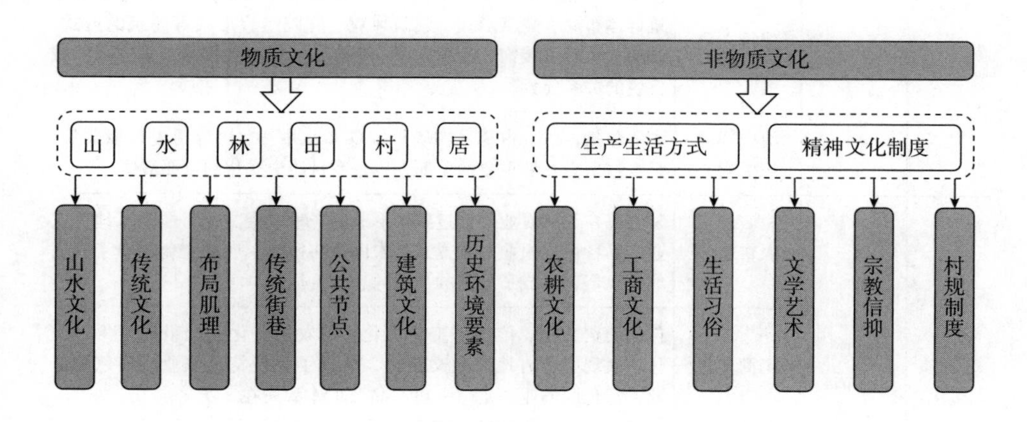

图 3-7 乡村文化构成图框架

表 3-2　乡村文化分类特征

大类	相关要素	小类	具体特征
物质文化	山、水、林、田、村、居	山水文化	乡村一般都拥有优越的自然生态条件，环境优美，大多具有典型的山、林、田、河、塘、村相互交融的村落自然格局。乡村依山而建、依田傍水、依水而筑、临水而居，整体风貌极具地域特色，孕育了自然生态的山水文化
		传统文化	传统文化对传统村落布局形态的影响深远。在传统村落选址与布局中，传统文化成为主导村庄形态的重要因素，以“天人合一”的观念来营造和谐的人地关系，巧妙地利用地形条件和山水环境，进行街巷安排、建筑布局、节点空间布置
		布局肌理	乡村的布局肌理是在自然条件影响下经过历史积累形成的，是文化延续的重要载体，包括空间布局、景观风貌、整体规模、街巷布局等要素。它们既是经济社会发展的空间表现形式，也受到山水文化、风水文化的影响
		传统街巷	乡村在几千年建设、成长过程中，依山傍水往往会形成独具一格的街巷空间，同时街巷空间也成为整体村落的骨架。传统街巷的形式成就了乡村布局肌理形成，也有效组织了民居的布置安排
		公共节点	村庄内重要的公共节点是被赋予了场所意义的传统空间，如入口、广场、水边、祠前、桥头、码头等公共节点空间，是居民日常聚会、交流的场所，是乡村日常生活形态延续的纽带
		建筑文化	包括文保点、不可移动文物、历史建筑、传统建筑、一般建筑的建筑群体布局、建筑形式、建筑风貌、庭院组合形式等建筑的形式、结构、色彩、装饰，是物化了一个时期的思想和技术，是体现地域特色的关系要素
		历史环境要素	主要包括古桥、古道、古墙、古墓、古井、古树等历史环境要素，是乡村历史发展重要的见证，也是乡村历史文化的重要载体
非物质文化	生产生活方式	农耕文化	是农民在长期农业生产过程中形成的一种风俗文化，体现了地方农业产品特色、农业生产方式、农民奋斗精神。农耕文化集合了各类地方风俗，形成了独特的文化内容与特征
		工商文化	包括商贾文化、传统手工艺文化。与农耕文化共同组成了生产文化，展现了乡村地方人文精神，体现了乡村特色农业、特色加工业、特色服务业，是“一村一品”的本源所在
		生活习俗	是农民在长期农村生活中形成的一些风俗文化，包括村庄习俗、节庆活动、饮食习惯、传统美食、服饰礼仪、传统祭祀活动等乡村生活习俗，与村民的衣食住行、农耕稻作、传统手工、商贾文化等生活习俗密不可分，从而产生了种类繁多、各具特色的风土人情

续表

大类	相关要素	小类	具体特征
非物质文化	精神文化制度	文学艺术	包括民间文学、故事传说、语言文化、耕读文化、口头技艺、名人名事、民间工艺等，是每个乡村可记载的精神文化
		宗教信仰	宗教信仰文化的发展演变受到社会结构、宗教、生活方式、村民的社会行为准则和文化价值观等因素的影响，同时也指导和规范村民的各种行为
		村规制度	乡村关系网络往往稳固有序，大多与村规制度和“血缘”关系有关。村规制度文化有着深厚的社会根源，与一个村的村规民约、宗族制度不可分割。存有村规民约、宗族制度文化的乡村，其布局形态、社会关系、生产生活都有着一定的规律

三、乡村文化传承的意义

只有尊重乡村文化、加强文化传承，才能真正做到“望得见山、看得见水、记得住乡愁”。乡村文化传承的主要意义在于传承民族文化、保护地方传统、促进乡村经济发展，是引领乡村规划建设工作的核心价值观。

（一）传承民族文化

乡村文化基因库是中华民族文化基因库的重要组成部分和分支，是民族文化最本质的体现。保护传承好乡村文化就是留住了中华民族文化的“根”。

（二）保护地方传统

乡村文化的挖掘、保护与弘扬，对传承乡村特色与传统具有积极作用，也有利于乡村生态文明建设。

（三）促进乡村经济发展

乡村文化可以借助资本市场的力量，以产业化方式进入主流经济中，进而发挥比较优势，推动乡村经济的发展。

（四）引领乡村规划建设工作的核心价值观

传承地域文化应该成为当代乡村规划的核心价值之一，乡村规划不应成为一种规范或标准框架下的模式化产物，而应是一种尊重地域传统文化的土地空间重构工作。

四、乡村文化传承的规划技术方法

在乡村规划中，乡村文化传承可以针对不同的乡村文化或乡村文化载体采用不同的规划技术方法，如表 3-3 所示。

表 3-3　乡村文化传承的规划技术方法列表

小类	具体特征
主体保育	指对控制质量性状、对外在表现特征影响较大文化进行优先保护。如水乡地区，水网系统乡村之间，乡村与集镇之间联系的纽带，依水而居不仅是生活需求，也是水乡肌理和文脉的组成部分。传承乡村文化首先要保护自然物质形态的水，其次是发展并提升水经济，继而保护水乡风貌
文化隔离	隔离的目的在于保存和控制文化的空间载体不被破坏，比较适于包括古建筑群传统街巷、历史遗迹、河道、文化景观要素等。对于历史建筑物、历史地段历史空间的保护，传统的方式就是通过划定“三区”的方式，即核心保护区、建设控制区、风貌协调区
文化变异	现代生活方式的改变和现代产业结构的演进，使得乡村地域原有的用地结构和空间布局形态也不断发生着改变。一些不符合时代特征的乡村文化也必然面对变异的过程。变异的直接做法就是拆除，使原有空间留为他用
文化共生	文化基因共生更多地体现为传统文化与现代文化的共生，同时也表现在区域范围内，各类乡村文化的共生。通过共生关系，使乡村文化不断地推陈出新，进行新陈代谢。共生不能简单地理解为共同存在，而是在传承传统的同时，使现代文化和传统文化高度融合和镶嵌
文化植入	在原有乡村文化载体上，植入新的功能，使载体焕发新的活力，使乡村文化得以重生和延续。功能性植入是对乡村文化的传承、展示有效的途径，大到历史性古村落的发展，小到历史性建筑的保护、历史遗迹的功能再造等
文化移植	乡村文化移植是为了维修和整治那些衰败的文化载体，其目的是延续和传承乡村文化，保护乡村的固有形态和整体风貌。文化移植手法适合于乡村内部所有的文化物质载体。包括传统民居建筑、祠堂建筑、石板街、古牌坊、门阙、桥梁等物质载体的修复
文化复制	文化复制就是使消逝了但具有重要影响的乡村文化通过一定的技术手段，使其获得重生和再现。文化复制并不意味着整体上的复古和重建，是为了突出地段或区域的历史文化环境而进行的某种文化的复制。乡村内部可进行文化复制的内容主要包括村落消逝或被填埋的重要的河流水系、重要的历史性建筑物、构筑物、重要的街巷、古道、重要传统手工技艺展示空间等

资料来源：毕明岩 . 乡村文化基因传承路径研究——以江南地区村庄为例［D］. 苏州：苏州科技学院，2011.

五、乡村文化传承模式

根据文化传承的原真性、融合性、可持续性原则，结合主体保障、文化保存、文化变异、文化共生、文化植入、文化移植、文化复制等乡村文化传承的技术方法总结其主要特征，从保护、融合和发展三个角度，提出文化原真型、文化融合型和文化重塑型三种传承模式，每种模式都有其不同的特点与传承方式，并适用于不同类型的村庄或不同的文化载体，如图 3-8 所示。

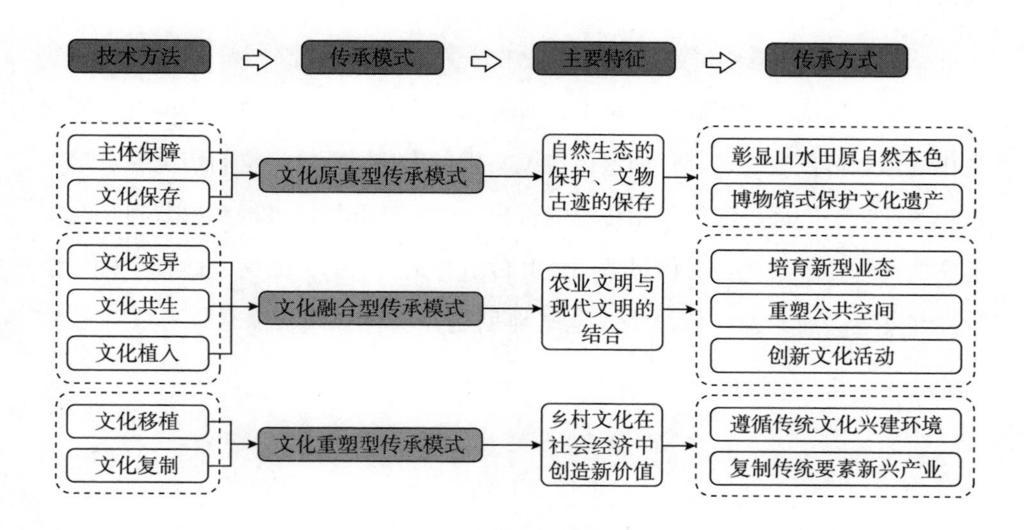

图 3-8 乡村文化传承模式

（一）文化原真型传承模式

该模式是指对生态山水、田园肌理、自然景观、历史地段、历史建筑物、传统建筑、历史环境要素等实体文化载体进行原真性传承，以彰显山水田自然本色和人文环境风貌，并对重要的古建筑群、传统街巷、历史环境要素等历史文化遗产采取“博物馆”式的保存、保护与展示，以传承原真性文化，达到生态环境、乡村肌理、历史建筑、文化氛围整体意境留存的目的。

（二）文化融合型传承模式

尊重现代生活方式的改变和现代产业结构的演进，通过文化变异、文化共生、文化植入等方式重塑乡村文化，融合城市现代文明与乡村文化。基本策略有：①挖掘文化的丰富内涵，增强乡村传统文化的影响力。②注重传统乡村文化与现代生活相结合，从传统文化中汲取养分，通过新的方法与手段重塑公共空间，创新文化活动，丰富传统乡村文化。③在原有乡村文化载体的基础上，通过“互联网+”“科技+”“旅游+”等方式创新内容和展示载体，培育乡村新型文化业态。

（三）文化重塑型传承模式

在吸取传统文化精髓的基础上，对特别有价值、有吸引力、有本土特征的文化载体进行恢复与复制。如遵循传统文化兴建宜居环境，复制传统要素培育新兴产业。一方面，通过采用传统的营建方式、外形特征进行乡村营建，挖掘遗失的优秀传统文化、民俗风情，使其传承与延续；另一方面，通过乡村旅游开发与养老产业开发、传统手工艺基地创建等多种方式与途径，形成“一村一品”。

思考题

1. 村域总体生态格局包括哪些方面?
2. 如何进行乡村产业发展规划建设?
3. 乡村文化传承模式有哪些，其内容分别是什么?

参考文献

［1］陈前虎．乡村规划与设计［M］．北京：中国建筑工业出版社，2018.

［2］李伟．村域规划编制内容体系的构建研究［D］．苏州：苏州科技学院，2010.

［3］戴瑶．乡村振兴战略背景下的乡村生态保护规划——以北京市某乡镇为例［J］．内蒙古民族大学学报（自然科学版），2020，35（06）：516-520.

［4］张艳，张勇．乡村文化与乡村旅游开发经济地理［J］.2007，27（03）：509-512.

［5］黄世国，韦明．“三农”分层次政策研究［J］．农业知识，2007，000（001）：13-15.

［6］毕明岩．乡村文化基因传承路径研究——以江南地区村庄为例［D］．苏州：苏州科技学院，2011.

［7］骆宇，金晓莉，赵一鸣，等．美丽乡村建设下乡村文化传承的空间策略［J］．规划师，2016，32（z2）：6.

［8］包婷婷．苏州美丽乡村建设中的文化传承研究［D］．苏州：苏州科技学院，2014.

第四章　居民点规划

居民点规划主要针对“村庄建设用地”进行功能引导、结构完善、用地组织设施配套与建设布局。一方面，该规划可以承接村域规划制定的目标定位、空间管制、产业布局、人口用地规模、村域总体布局等内容，并在村庄建设用地范围内进行深化或具体化；另一方面，也为下一阶段的村庄设计提供指引，具有承上启下的作用。

居民点规划将更为关注现有村落内存在的问题以及村民发展建设的诉求，以新时代乡村振兴战略思想为指导，促进乡村居民点可持续利用；充分剖析乡村居民点存在的现状问题，推进“补短板”的策略措施；充分尊重民声民意，切实保障农民权益；加强居民点各类用地布局，促进乡村公共服务设施与基础设施建设。

第一节　居民点规划的主要任务和原则

一、主要任务

乡村居民点规划将进一步对乡村建设用地进行适宜性评价，综合考虑各类影响因素，校核并确定建设用地范围；分析居民点空间形态布局的影响因素、构成要素形态类型，从中观层面把握居民点空间形态布局模式；研究村民住宅用地、村庄公共服务设施用地、村庄公共场地、村庄道路与交通设施用地、村庄公用设施用地等明确各类建设用地界线与用地性质。最终通过住宅用地布局、产业用地布局、公共服务用地布局、基础设施用地布局，完善居民点总体布局方案，并为村庄设计做好铺垫。居民点规划主要任务框架如图 4-1 所示。

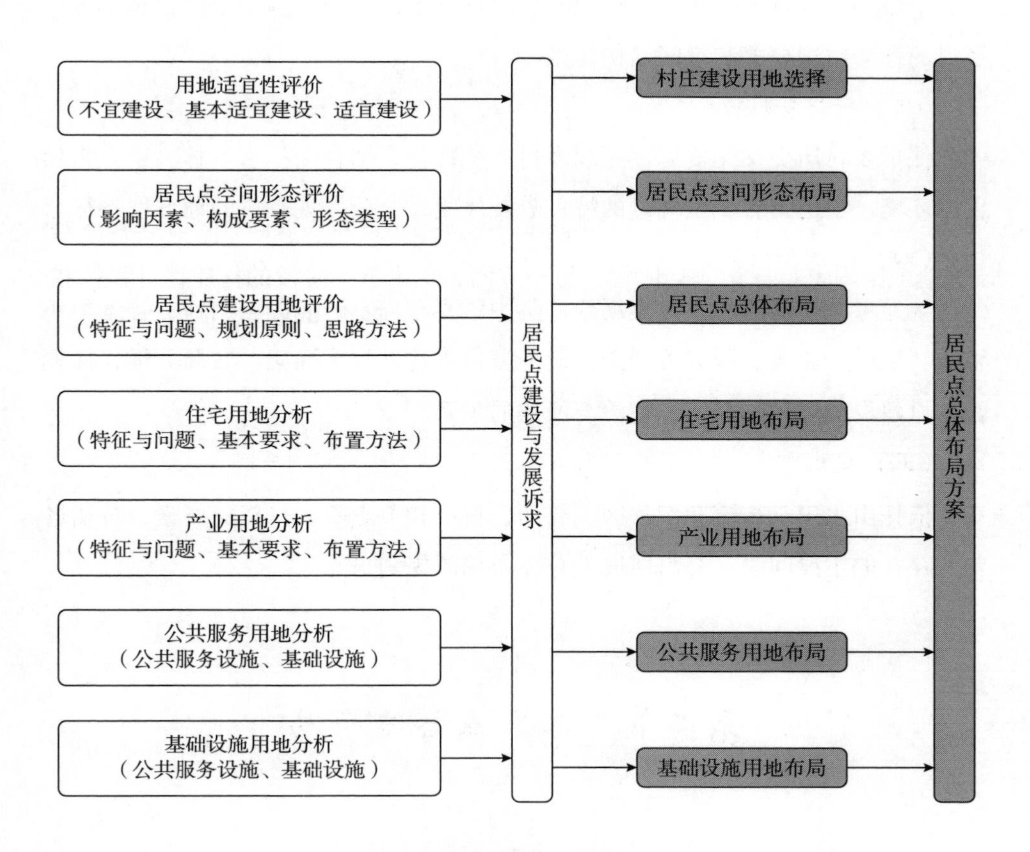

图 4-1 居民点规划主要任务框架

二、基本原则

（一）以人为本

尊重乡村的历史、文化遗存，满足人们对生产、生活的物质需求与精神需求，为乡村发展与建设创造有利的物质环境和功能场所。

（二）尊重原有格局

重视乡村原始风貌，维护乡村周边山水田格局，延续乡村原有肌理，慎砍树、不填湖、少拆房，尽可能在原有村落形态上改善居民生活条件，延续传统乡村的社会组织模式和空间结构体系。

（三）保护乡村特色

保护乡村历史文化资源，延续乡村传统特色，结合山、水、林、田等自然生态环境，塑造富有乡土气息的特色景观风貌，充分体现乡村的地方性特征。

（四）组织合理

统筹考虑乡村居民点各类用地，集中紧凑布局乡村居民点用地，合理组织生活、生产、旅游、服务等功能，避免盲目兴建、拉大框架、布局分散，协调好乡村建设的保护与开发、整治与新建的关系。

（五）突出重点

依托山水田、街道巷、片区、界面、村口和节点等乡村意象要素，分析各要素存在的主要问题，突出居民点总体布局的规划重点。

第二节　居民点总体布局

一、主要任务

结合村域规划完成的资源环境价值评估、乡村目标定位、人口规模计算、

村域空间管制、生态保护规划、文化传承规划、产业发展规划等内容，在村庄建设用地选择、居民点空间形态布局的基础上，分析居民点布局现状问题与特点，开展居民点总体布局，统一安排居民点各项功能，合理布置村庄建设用地，以期达到环境优美、生活舒适、生产方便的规划目标。居民点总体布局应遵循全面、系统、有序的基本原则，既要经济合理地安排近期建设，又要考虑远期发展；既要有序组织新建村民住宅，又要进行旧村整治；既要统筹生活、生产、公共服务和基础设施等功能，又要满足人均建设用地要求；通过功能结构布局、土地利用布局、详细规划布局等形式对居民点各项建设项目进行全面布局。居民点总体布局任务框架如图 4-2 所示。

二、现状特点与问题

现状特点与问题是居民点总体布局的基本依据。在居民点总体布局的前期阶段，应以建设用地为主要调查对象，充分分析居民点布局现状条件，总结其表现特征与面临问题，为深化布局提供依据。总体来看，居民点布局现状基本特点与主要问题如下：

（一）居民点布局的基本特点

第一，从地域分布来看，居民点分布具有明显的地域性，居民点的分布与自然条件、社会经济发展状况密切相关。在平川地区，由于地势平坦，自然条件较好，交通便利，经济发达，居民点分布密度高，单个村庄占地规模大；在丘陵区和山区，一般地形起伏较大，地貌类型复杂，自然条件较差，交通不便，经济较为落后，农村居民点分布的密度较低，单个村庄占地规模小。

第二，人均用地规模普遍偏大。长期以来，农村住宅均以在自家的自留地零星建造为主，没有经过统一的布局和规划，居民点数量多且分布较散，人均居民点规模普遍偏大，用地不集约。全国人均居民点面积一般均超过国家规定的人均用地 150 平方米的高限标准，特别是受到一户多宅的影响，人均占地规模普遍相对偏大。

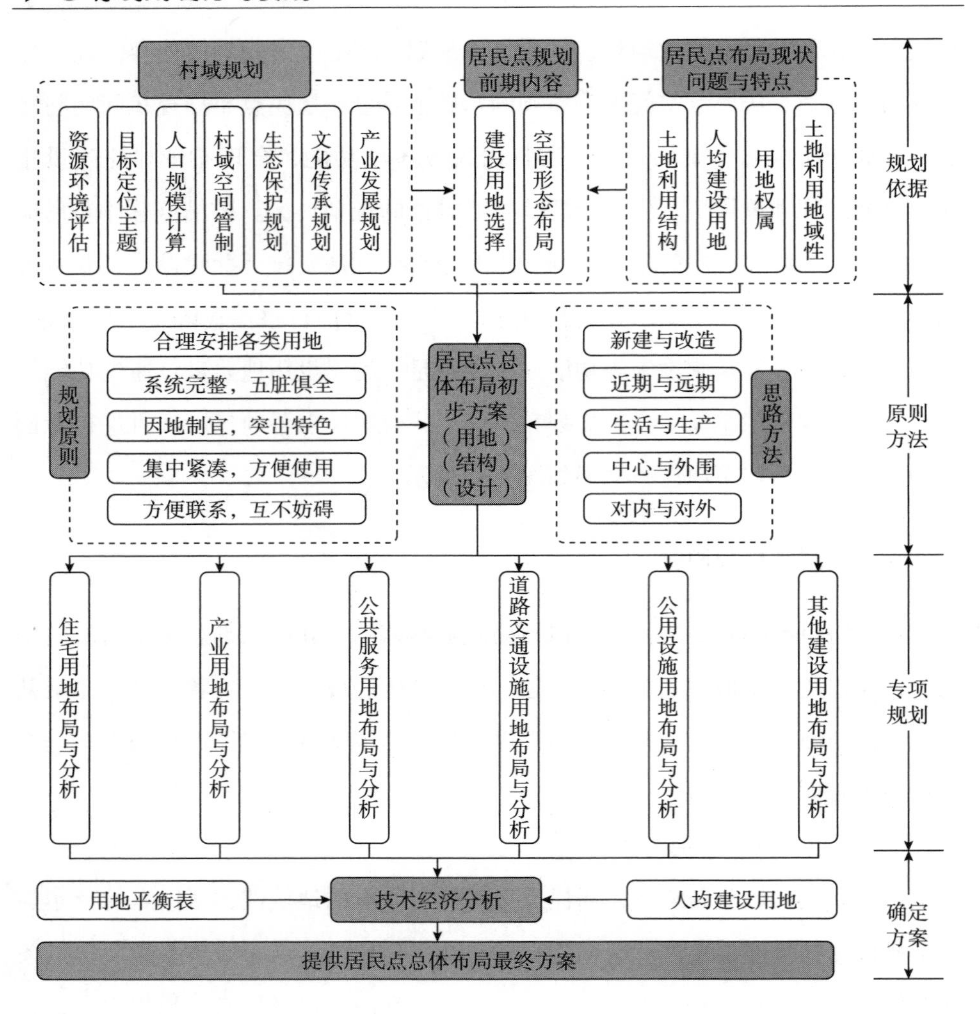

图 4-2　居民点总体布局任务框架

第三，住宅用地是居民点布局的主体。住宅用地是居民点用地的主体，一般占 70%以上。住宅用地的主导用地特征在居民点用地结构中极为明显，其次是道路用地，公共服务设施用地与产业用地面积较小。

（二）居民点布局的主要问题

第一，缺少系统规划，功能结构不尽合理。不仅不同规划区内的农村居民点数量与用地规模有着显著的差异，同一规划区内农村居民点的规模和形状也存在较大的差异，且基本均表现为规模越大的斑块其边界越复杂、斑块形状越不规则。总体来看，居民点总体布局较为分散，尤其是山区，道路不连网，房屋不成排，缺少系统的规划，缺乏公共服务设施与基础设施，功能不完善。

第二，用地发展不平衡，宜居条件不佳。住宅用地与产业用地、公共服务设施用地、基础设施用地发展不平衡，使居民点宜居条件不佳。居民点的环境卫生、乡村次序、村容村貌普遍存在“脏、乱、差”的问题。农村居民点分布较为分散，造成公共基础服务、教育、医疗等资源无法完全覆盖到每个居民点，导致部分农村居民无法享受到便捷的生活条件，人居条件差。而交通资源及水资源的发展由于受一定的自然条件限制，从而导致某些地区交通条件较差且缺乏水资源的供给，不利于坐落于该区位的居民关于生产、生活的开展。

第三，功能不清。用地穿插在居民点的发展建设过程中，各种用地功能不清，相互穿插，路网不畅，住宅乱建，既不方便生产，也不方便生活。道路、公建、绿地布局不成系统，功能缺项情况普遍存在。

第四，居民点内部闲置土地比重高，占地面积大。有关数据表明，现有乡村居民点内部一般约有10%的土地处于闲置状态，在居民点内部土地尚未得到充分利用的情况下，仍在居民点外围划出一定数量的农田作为建设预留地，致使居民点规模不断扩大。

第五，居民点容积率和利用率较低，人均建设用地较高。由于居民点内普遍存在独门独院、一户多宅等现象，人均建设用地较高，使得居民点容积率比较低，从而使其土地利用率也相对较低。

第六，居民点用地权属复杂，布局调整难度较大。在居民点长期建设过程中，各家各户拥有的宅基地、菜园地、耕地等情况一直都在发生变化。如住宅除了主房、院落以外，还有各种附属建筑物，并且随着分家析产和自由买卖，产权关系变得尤其复杂。居民点布局牵涉复杂的权属关系、邻里关系，调解任务繁重，工作难度往往很大。

三、基本原则

（一）合理安排各类用地

全面综合地安排居民点各类用地，统筹布局各类建设用地。首先，安排好占比最大的住宅用地，处理好新建与整治的关系，满足农民建房诉求。其次，根据住宅布局特点，合理安排好公共服务设施用地、公共场地、道路用地、公用设施用地。最后，处理好居民点生产与生活、建设用地与非建设用地的关系，合理布局产业用地。

（二）系统完整，功能俱全

“麻雀虽小，五脏俱全”。居民点虽小也必须保持用地规划、组织结构的完整性，更为重要的是，要保持不同发展阶段组织结构的完整性，以适应居民点发展的延续性，系统完整不只是达到某一规划期限时是合理的、完整的，而是应该在发展的过程中都是合理的、完整的。

（三）因地制宜，突出特色

充分利用自然条件，挖掘乡土特色，体现地方性。如河湖、丘陵、田园等优势资源，宜有效地组织到居民点布局中来，为村民创造清洁、舒适、安宁的生活环境。充分尊重当地生活习俗及传统布局模式，结合山形水势、气候植被等自然地理环境形成地域性的乡村风貌。对于地形地貌比较复杂的居民点，更应仔细分析地形特点，只有这样才能做出与周围环境协调、富有地方特色的布局方案。

（四）集中紧凑，方便使用

集中紧凑，达到既方便生产生活使用，又符合环保、卫生、安全等要求，同时又能使建设造价经济节约。应避免盲目新建、拉大框架、布局分散的不合理情况居民点总体布局宜紧凑集中，体现居民点“小而美”的特点。不宜套用城市规划布局的模式，以免造成浪费和破坏。

（五）方便联系，互不妨碍

居民点总布局应强调各功能区之间方便联系，避免相互妨碍。结合居民点

布局现状，在加快旧村更新与改造的同时，逐步推进新村建设，互不妨碍。各主要功能部分既要满足近期修建的要求，又要预见远期发展的可能性，有序推进各片区的建设。

四、指导思想与工作方法

第一，处理好改造与新建的关系。居民点总体布局应遵循建成环境、现状格局以及各类建设用地布局现状，在充分尊重当地生活习俗及传统布局模式的基础上进行改造与新建。在居民点总体布局过程中，应结合现状，对旧村加以合理利用，对有历史文化基础的历史街区、历史地段、历史建筑、传统建筑等加以保护，为逐步改造提升创造条件。当产业发展人口聚集、住房改善、公共服务设施及基础设施建设等，带来居民点新增建设用地需求时，就需要考虑适当新增建设空间。

充分处理好新村与旧村的关系，两者分而不离。一方面，新村的建设应该同居民点现状有机地组合在一起，充分利用原有的公共服务设施和基础设施，减少村庄建设的投资；另一方面，新村的建设不能破坏原有居民点的肌理、风貌和格局，应充分遵循传统布局模式。对旧村的充分利用，可以支援新区的建设，而新村的建设又可以带动旧区的保护与利用，两者互相结合就可以有效提升居民点建设水平。当然，强调旧村利用和新村建设，还要以发展的眼光对待存量改造与增量提升，以满足村民日益增长的现代生活的需求为出发点，以推进乡村产业发展为目标，否则就不可能从总体发展的高度出发，做出好的居民点布局方案。

第二，处理好近期与远期的关系。近期与远期是对立统一、相互依存的。居民点总体布局应同时关注居民点近期建设项目的可实施性和远期发展目标的可预见性。合理的近期规划可以为居民点理清建设重点，指导居民点近期建设，为远期发展建设奠定良好的基础；合理的远景规划反映居民点的发展趋势，为近期建设指明方向。

当前居民点建设中存在重视近期成效、忽视远期规划等问题，近期建设短平快、远期规划流于形式。例如，各地的美丽乡村建设、幸福村居工程、环境宜居工程村庄项目实施等工程，大部分是以近期项目实施为重点，重物质环境建设，轻经济社会研究，容易造成一窝蜂地盲目开发，浪费公共财政资源，同时也对水土资源造成了建设性破坏。不少工程刚刚建成就又成为改造对象，刚刚完工就成为反面教材，给乡村建设人为地造成许多被动局面，所以必须重视远期规划的重要性及其对近期建设的指导作用。根据村域规划内容，对村庄的目标、定位、主题作出了部署，乡村建设有了明确的方向，在此基础上应力求近期建设合理，并将近期建设纳入远期规划的轨道。采取由近及远的建设步骤，分年度、分阶段、有计划地实施居民点发展与建设项目。

第三，处理好生产与生活的关系。居民点总体布局应处理好生产与生活功能的空间关系，通过融合、联系与隔离等方式进行合理布局。片面强调某一功能的总体布局都会带来问题，给村民的生产生活或乡村景观带来不利后果。至于对某一具体问题的处理，要根据不同情况和条件区别对待。居民点产业用地主要包括村庄商业服务业设施用地和村庄生产仓储用地。一般而言，不宜安排有污染的生产仓储用地，将工业生产与仓储用地逐步向城镇工业区集中。对于需要在居民点内保留、安排生产仓储功能的，一般应选择无污染、与农业生产相配套、带动地方劳动力就业的产业类型。生产空间与生活空间分而不离，生产上有相对独立的布局空间，保证基础设施的综合供给；同时不宜过分强调建立独立生产区，而应保证生产与生活联系的便捷性，促进产村一体、紧凑发展。而当产业用地以商业服务业设施用地（包括旅游服务设施）为主时，应强调生产与生活的融合，通过商业、服务业、旅游业的发展带动居民点的整体提升，促进服务化、经营化、景区化建设，提高居民点建设用地多元化发展。

第四，处理好中心与外围的关系。居民点总体布局应处理好中心与外围的关系，突出中心、统筹外围。居民点是乡村社会、经济、人口的集聚地。在居民点规划设计过程中，应合理布局公共中心建设用地，积极营建功能多元、形

态开放、富有活力的居民点中心，精细打造村民的聚集场所。在空间布局表达上，居民点公共中心也是建设用地布局最为细致、形态最为优美、服务功能最为集中的场所，一般处于居民点中心或交通条件较好的位置，居民点外围则是以生活、生产区块为主，在总体布局过程中，从整体性与协调性出发与自然环境、地形地貌相适应，与居民点原有肌理、布局模式相协调，突出总体布局的整体性。

中心与外围两者之间既有相互联系、相互依存的关系，又有局部与整体、重点与基础的关系。在居民点总体布局时，既要牢固树立全局观念，又要明确中心、突出亮点，处理好整体与局部的关系。

第五，处理好对内与对外的关系。居民点总体布局在推进乡村内部活力建设的同时，还要关注对外输出乡村价值真正实现乡村复兴。一方面，村庄建设用地布局通过引导居民点内部要素的重组和整合，促进土地利用合理配置，重塑乡村活力；另一方面，对外应形成自己独特的产品或影响力，在乡村文化、生态环境、特色农产品等方面实现输出，并在建设用地布局上加强支撑。外部要素的流入为乡村在社会、经济、文化等方面注入了新鲜“血液”，成为居民点内部功能与要素重组的直接动力。

居民点总体布局应激发乡村内部结构的有机调整，使用土地利用得到重新优化组合。如在居民点内部用地功能的引导上，应积极提升土地利用的综合效用，挖掘每块用地的经济价值、民生价值和生态价值，并促进土地利用的优化组织。同时通过居民点总体布局，积极吸引各种要素的回流与集聚，包括人口、资本、技术等预留好服务和承接的空间。如以历史保护、生态旅游为特色的乡村，在合理划分保护区、安置区、社区服务区等内部用地功能以外，还应提供合理的对外服务空间，包括旅游集散、休闲街区、停车广场、景区入口等设施；对内服务功能与对外吸引设施两者之间相互融合、合理组织、共建共享。

五、布局方案

在上述规划原则、思想方法的基础上，居民点总体布局最终形成“居民点功能结构布局方案、居民点土地利用布局方案、居民点详细规划布局方案”等三阶段成果。其中，功能结构布局是土地利用布局的总体框架，是建设用地布局的战略纲领；土地利用布局是功能结构布局的深化，是居民点建设实施的法定依据；详细规划布局是在土地利用布局的基础上进一步细化，成为居民点建设实施的引导性图件。

（一）居民点功能结构布局方案

居民点功能结构布局是在充分结合乡村现状与发展基础上，对居民点的生产生活、休憩、交通等功能进行空间组织。各种功能对应于不同的建设用地，彼此之间有联系、有依赖、有干扰、有矛盾。因此，必须按照各类功能的布局要求和相互关系加以组织，使居民点成为一个有机整体。居民点功能结构布局方案应综合考虑公共服务设施布局结构、道路交通体系和居民点分布特征，以“中心、轴线、片区”分析居民点总体结构，并进一步构建空间景观体系，最终形成居民点功能结构图。

（二）居民点土地利用布局方案

在满足功能结构布局方案与人均建设用地指标要求的基础上，对村民住宅用地、公共服务用地、产业用地、基础设施用地和其他建设用地等进行合理布局，形成居民点土地利用布局方案。具体而言是基于居民点用地现状评价，综合考虑各类影响因素确定建设用地范围，充分结合居民点生产、生活、休憩、交通等功能，结合乡村服务设施布置标准，明确各类建设用地界线与用地性质，并提出居民点集中建设方案，形成居民点土地利用布局图。

（三）居民点详细规划布局方案

依据居民点功能结构布局方案和居民点土地利用布局方案，结合生产、生活环境建设需求，详细布置村民住宅、公共服务建筑、基础设施和生产仓储用房。在居民点详细规划布局时，应从村民的实际需求出发，尊重居民点传统布局模式，结合现代化农业生产和乡村生活习俗，形成有地方特色的建筑空间组合，构建有地域文化气息的公共空间场所，引导建筑院落、公共环境节点等方面详细设计，最终形成居民点详细规划总平面图。

第三节　产业用地布局

一、产业用地布局的基本任务

村庄产业用地是指用于生产经营的各类集体建设用地，包括村庄商业服务业设施用地和村庄生产仓储用地。其中，商业服务业设施用地主要包括小超市、小卖部、小饭馆等配套商业，以及集贸市场、村集体用于旅游接待的设施用地等；村庄生产仓储用地主要指用于工业生产、物资中转、专业收购和存储的各类集体建设用地包括手工业、食品加工、仓库、堆场等用地。产业用地布局是根据居民点总体布局方案，结合村庄住宅用地、特色旅游资源、农业种植空间、村庄道路交通等分布特点。合理布局商业服务业设施和生产仓储设施。其主要任务如下：

第一，根据居民点总体布局方案，确定商业服务业设施用地的规模、位置及范围。

第二，结合村庄住宅用地、特色旅游资源的分布特征，遵循规模适宜、布置集中服务方便等原则，合理确定商业服务业设施的空间布局形式。

第三，根据居民点总体布局方案，确定村庄生产仓储用地的规模、位置及范围。

第四，结合村庄住宅用地、农业种植空间、道路交通等的分布特点，遵循保护耕地、安全防护、就近就业、方便生产等原则，合理确定生产仓储设施的空间布局形式。产业用地布局的基本任务如图 4-3 所示。

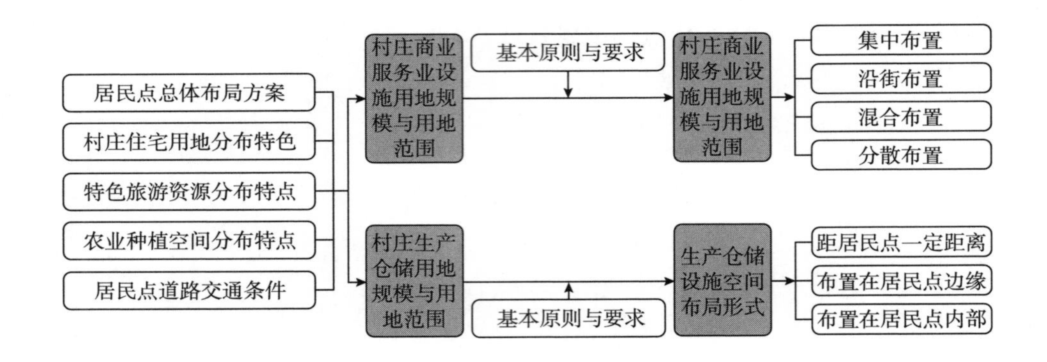

图 4-3　产业用地布局的基本任务

二、商业服务业设施用地布局

（一）基本原则与要求

1. 规模适宜

从区域协作层面角度确定商业服务业设施规模，避免重复建设或设施规模不足的同时，与居民点常住人口规模相契合，合理确定商业服务业设施规模。由于乡村常住人口规模较小，商业服务业设施规模不宜过大。

2. 集中布置

由于商业服务业设施规模一般较小，服务人口较少，在布局时应尽可能集中布置，并按照商业服务功能聚集点加以营建，发挥商业服务业设施的聚集效应和规模效应。

3. 方便服务

商业服务业设施应结合村庄住宅用地、道路与交通设施等分布特点，布置在居民点人口分布的中心或人流集中处，满足方便服务的要求。在居民点小且

分散的情况下，商业服务设施可采取分散式集中的方式，布置在各个居民点方便可达的位置。

（二）布局形式

1. 集中布置

（1）集中成片式布置。

这是普遍采用的一种方式，优点是商业、集贸市场、旅游接待设施集中，服务内容较为齐全，村民及外来游客使用方便，与村庄的公共服务中心结合布局，便于形成村庄的公共中心。在布局过程中，围绕着集贸市场、旅游集散场地，跨街区、多地块、集中化地布置其他商业服务与旅游接待设施。

（2）广场围合式布置。

以广场为中心，商业服务业建筑通过四面围合、三面围合、两面围合或单面布置的方式，形成商业服务中心。这种布置方式容易形成较好的围合空间，并结合临街、临水、临山形成良好的景观效果，可兼作为居民点公共集会的场所。

商业服务业设施集中布置形式如图 4-4 所示。

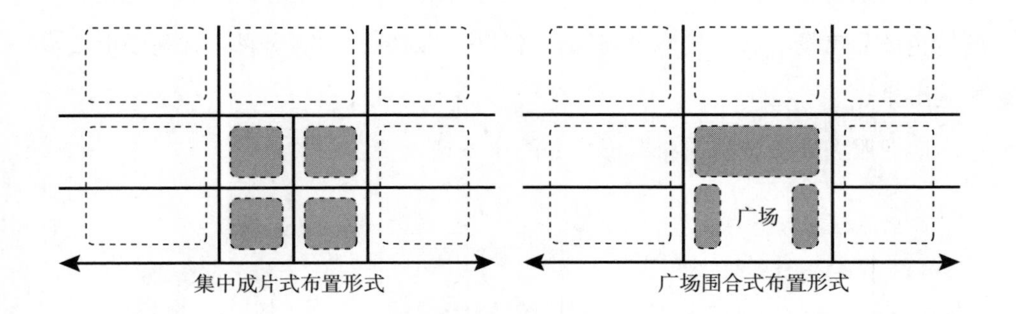

图 4-4　商业服务业设施集中布置形式

2. 沿街布置

（1）沿主要街道单侧布置。

当居民点沿着主要街道单侧呈线型布局时，其商业服务业设施也将呈现该种布置方式。主要街道往往是居民点对外主要通道，车流人流较多；沿主要街道一侧布置商业服务业设施，另一侧则维持自然状态，俗称“半边街”，这样的布置方式有利于人流与车流分开，行人安全、舒适，流线简捷，对交通组织有利。

（2）沿主要街道两侧布置。

该布置沿居民点内部主要街道呈线形发展，商业服务业设施布置在主要街道两侧，商业店面连续、街面繁华、人流集中，形成居民点重要的商业街道。这样的商业街道有利于形成完整的街景，提升了居民点面貌。在古村落、传统村落里，商业服务业设施结合原有的传统步行街两侧布置，形成商业步行街；在较为繁华的居民点街道两侧布置商业服务业设施时，应合理引导机动车、非机动车、行人混行，防止交通混乱与阻塞。

（3）沿街坊布置。

当居民点内部形成纵横网状街巷系统时，沿多条街巷两侧布置商业服务业设施，形成沿街坊周边式布置的形式。在该布置形式中，步行其中，安全方便，街巷曲折多变而街景丰富，业态融合多样，生活或旅游氛围强。若将乡村的特色商品市场、旅游接待设施等布置其中，则更加丰富多彩，有利于形成乡村旅游景点。

商业服务业设施沿街布置形式如图 4-5 所示。

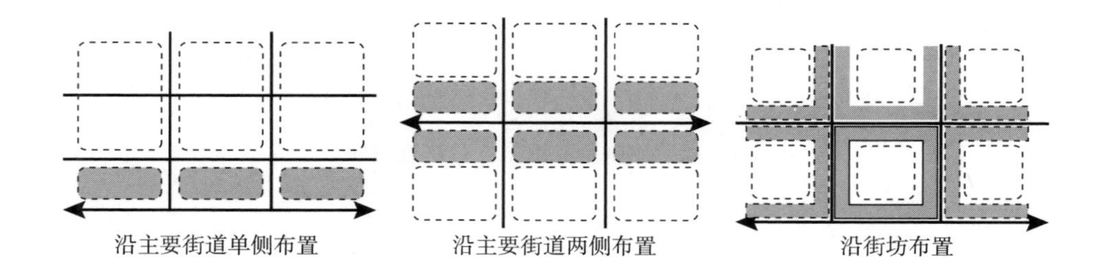

图 4-5　商业服务业设施沿街布置形式

3. 混合布置

在规模较大、设施较齐全或拥有优良旅游资源的乡村，可以将商业设施、特色农产品市场、旅游接待设施以及居民点公共服务设施等进行混合集中布置，形成有一定规模的商业与服务中心，有利于提升乡村吸引力及辐射水平，如图 4-6 所示。

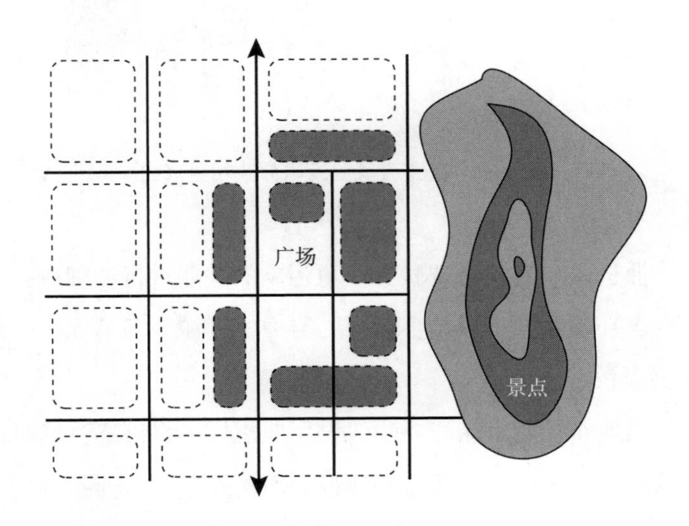

图 4-6　商业服务业设施混合布置形式

4. 分散布置

主要是指分散式集中布置。当居民点分布较为分散时，或旅游接待设施远离居民点结合旅游景点布置时，商业与旅游服务业设施采取分散式集中布置，形成若干个相对集中的服务点，如图 4-7 所示。

三、生产仓储用地布局

（一）基本原则与要求

1. 生态保护

生产仓储用地布局应坚持污染防治与生态环境保护并重。严格控制有环境

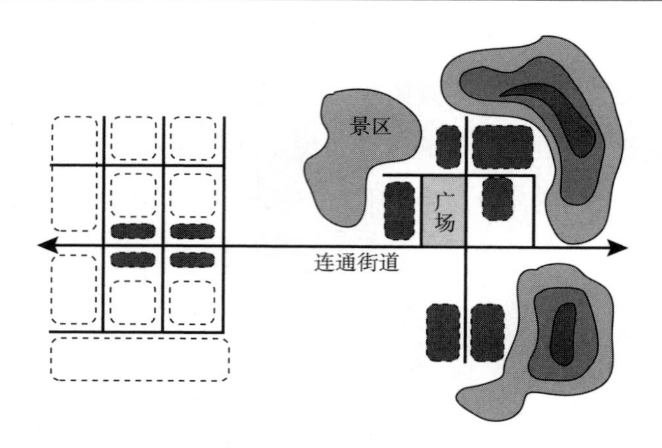

图 4-7 商业服务业设施分散布置形式

污染的生产企业进入乡村，对现状有环境污染的企业进行治理或关停，把乡村污染防治与生态环境保护有机结合起来，努力实现城乡环境保护一体化。

2. 保护耕地

生产仓储用地布局时要从严控制建设用地规模，尽量不占或少占耕地，遏制乱占耕地的现象。生产仓储项目的建设应严格遵循农田保护规划，有利于保护耕地。

3. 规划协调

生产仓储设施的建设应与上位乡镇规划相协调，规模较大的生产仓储用地应纳入乡镇总体规划统一布点，从而科学合理地引导乡村工业的发展。

4. 与农业生产相结合

生产仓储设施应与地方农业生产相结合，形成以农产品加工、文化饰品与手工艺品生产、农产品仓储与运输业等为主的产业类型。结合当地农业产业特色与地域资源优势，因地制宜打造产业链，依托特色与优势提升乡村竞争力，推动乡村振兴。

5. 安全防护

生产仓储用地布局时应充分考虑生产、生活的安全性。结合安全、卫生的要求，有些生产仓储宜与居民点保持一定距离；综合考虑生产仓储用地与村庄住宅用地道路交通用地、农业生产用地等各项用地之间的关系，保证生产运输过程中的安全性。

6. 方便生产

生产仓储与村庄居民点、农业生产用地宜保持适当的距离。一方面，方便村民就近就业，减少通勤距离；另一方面，减少农产品运输距离，方便生产。

（二）布局形式

1. 与居民点保持一定距离

由于经济、安全、卫生的要求，有些生产仓储应与居民点保持一定距离，如图 4-8 所示。如食品加工容易产生一定的臭气和污水，宜与居民点保持距离；有一定危险的生产与仓储必须与居民点有足够的防护距离；有些农产品货运量大或运输难度大，但加工成品后相对容易运输，则该类生产仓储宜靠近农产品种植基地。

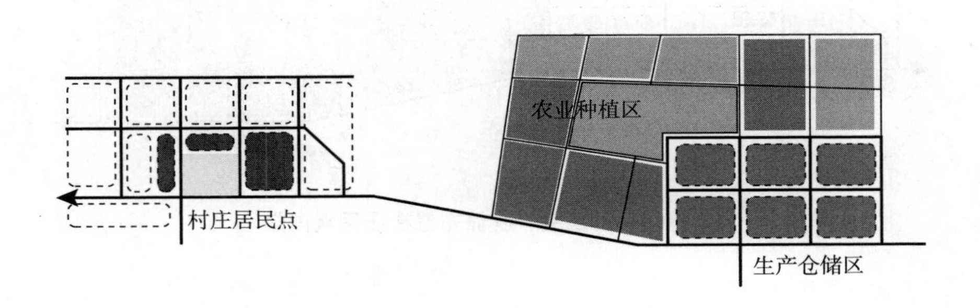

图 4-8　村庄生产仓储距居民点一定距离布置

2. 布置在居民点边缘

对居民点污染不大且规模不大的生产仓储，应布置在居民点的边缘、河流下游或风向频率最小上风向，并采取相对集中的布置方式，如图 4-9 所示。这样的布置方式有利于组织交通，缩短村民上下班路程，但应避免影响居民点的生长与拓展。

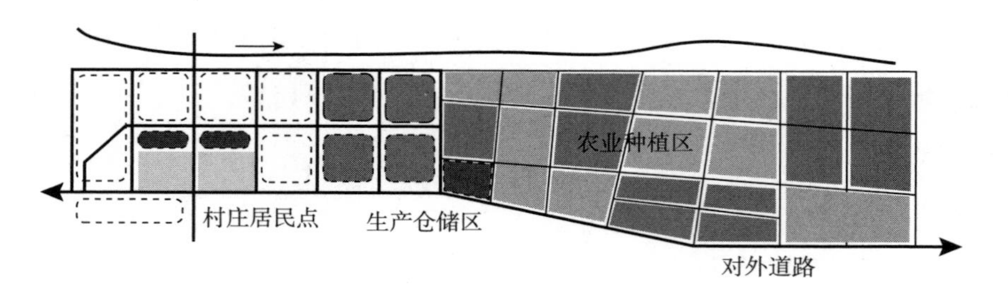

图 4-9 村庄生产仓储布置在居民点边缘

3. 布置在居民点内部

基本没有污染、用地小、货运量不大的生产仓储可布置在居民点内部，如图 4-10 所示。如传统农产品加工、手工艺品加工、小型食品生产、小五金、小型服务修配厂等。对居民点毫无干扰的产业仓储为数不多，一般生产运输都有一定的交通量和噪声，由于规模较小，如果布置得当，可以使居民点基本不受影响。

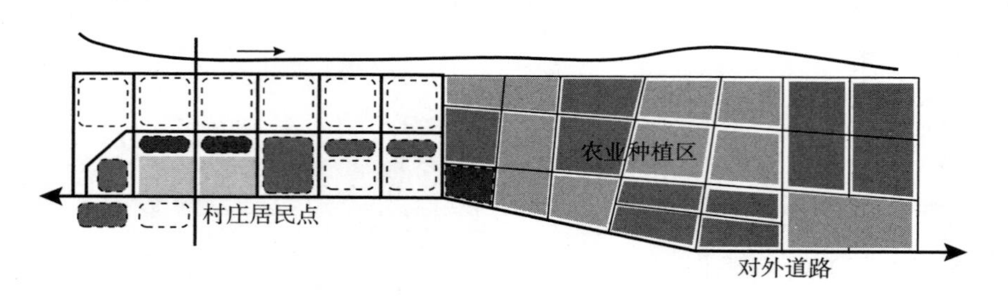

图 4-10 村庄生产仓储布置在居民点内部

第四节 基础设施建设规划

一、基础设施规划的内容与原则

基础设施规划是乡村生产、生活的支撑系统，具有网络化、系统化特点，主要包括道路交通、给水排水、电力电信、能源利用、环境卫生等设施。基础设施规划的具体原则为：

（一）共建共享

基于区域统筹配置乡村基础设施，避免重复建设，发挥城市、小城镇对乡村的辐射作用，并积极推进乡村之间基础设施的共建共享。

（二）满足需求

基础设施规划应结合村民需求，着重解决目前迫切需要解决的问题。针对发展条件较好的乡村，应以发展视野进行基础设施布局，提升基础设施的建设标准。

（三）因地制宜

经济合理、规模适宜地进行乡村基础设施规划建设。由于居民点小且分散的普遍特征，大量基础设施建设，后期维护费用又会很高，容易产生基础设施无法正常运营、公共资源浪费的情况。

二、基础设施规划的配置要求

依据基础设施规划配置要求，合理确定道路交通、给水排水、电力电信、能源利用及节能改造、环境卫生等基础设施建设规模，进行合理的空间布局。

三、基础设施规划

（一）道路交通

明确居民点道路等级和断面形式，提出现状道路交通设施的整治改造措施，确定道路控制点标高，布局停车设施，明确公交站点的位置。道路交通规划应统筹村域及居民点，在方便生产、服务生活的基础上，满足以下要求：

1. 满足通与达的要求

道路系统应主次分明、分工明确，停车设施规模适宜合理分布，满足通与达的要求，使居民点拥有安全、方便、经济的道路交通设施。

2. 结合地形、地质和水文条件，合理规划道路网走向

居民点道路网规划既要满足道路行车技术的要求，又要充分结合地形、地质、水文条件，方便连接建筑物街坊、公共中心等。道路网宜简洁布局，减少土石方工程，为行车、建筑群布局、排水路基稳定创造良好条件。

3. 满足环境建设要求

合理布置居民点道路网，保持生活区与交通干道有足够的消声距离，为建筑布置创造良好的日照、通风条件。当有地形高差时，日照间距应根据前后建筑实际高差进行设置，保证有足够的建筑间距。

4. 满足乡村景观的要求

居民点道路应尽可能地把自然景色、历史古迹、传统建筑、公共中心等进行串联，打造美丽风景线，推进整洁美观、绿色环保、丰富多彩的乡村面貌建设。

5. 有利于地面排水

居民点道路中心线的中坡应尽量与两侧建筑性的纵方向取得一致，街道的标高应稍低于两侧建筑，便于地面水的排除。道路竖向设计时干道断面设计要配合排水系统走向；山地村庄的道路，两侧设置排水明沟，有利于地面排水。

6. 满足各种工程管线布置的要求

随着居民点不断地发展，各类公用设施和市政工程管线将越来越多；考虑到投资成本，居民点道路应兼顾考虑管线架空与管沟入地两种布置方式。

（二）给水工程规划

合理确定给水方式、供水规模，确定输配水管道敷设方式、走向、管径等。

1. 规划要求

第一，主动融入供水城乡一体化工程。

第二，水源选择和供水单位不受乡村行政区划限制，应从区域的角度合理配置水资源，选择优质水源并加强水源保护。

第三，工程布置和技术方案应因地制宜、安全可靠、便于建设与管理，有利于节水节能和环境保护，避免干旱、洪涝、冰冻、地震、地质等灾害以及污染的危害。

第四，应与相关规划相协调，统筹考虑城乡供水问题，近远期结合，分期实施。

第五，应充分利用现有水源工程和供水设施。

2. 用水量预测

乡村用水对象主要为村民生活用水、生产用水、公共建筑用水、道路及绿化浇洒用水、消防水量和未预见用水量。用水标准参照《村镇供水工程设计规范》（SI 687—2014），用水量预测方法采用比例相关法，生活用水定额参照现状及用水标准确定，公共建筑等用水采用当地合适的用水系数确定。设计供水规模按照各项用水量的综合确定。

3. 水源选择

水源选择主要考虑下列基本要求：水质良好，便于卫生防护；水量充沛；符合当地水资源中长期统筹规划；其他相关政策和要求。

4. 供水系统

乡村供水工程规划应考虑供水的经济性与安全性，供水系统一般采用树枝状给水管网，供水主干管一般沿村内主要道路布置，并供水到户；供水管材一般采用 PE、PPR、球墨铸铁管等，管道埋设一般采用地下直埋，埋设深度不低于 0. 5 米。

5. 成果

乡村规划应提供给水工程规划图，并标明水源、取水点、取水设施、泵站、水厂等设施位置；供水管道走向、位置及管径；供水压力及给水管材。

（三）排水工程规划

1. 规划内容

第一，估算乡村总排水量，包括生活污水量、生产污水量和雨水量。

第二，确定排水体制、排水范围和排水方向，雨水排放尽量排放到乡村沟渠和水系。

第三，确定排放标准、处理方法以及污水处理设施规模、雨水排放与收集设施规模。

第四，布置污水和雨水管网，确定各类排水管线、沟渠的走向，雨水排放要遵循生态优先、海绵乡村的建设理念。

第五，进行水力计算，确定雨水管渠、污水管道的管径或断面尺寸。

第六，确定排水管道的敷设方式、埋深及管材。

2. 规划成果

应提供排水工程规划图，标出低影响雨水开发设施、雨水泵站、雨水排放口、污水处理设施等位置及规模；排水管道走向及管径或断面尺寸。

3. 乡村生活污水处理模式

人工湿地是一种通过人工设计、改造而成并控制运行的半生态型污水处理系统。人工湿地投资费用较少，运行费用低，维护管理简便，水生植物在加强污水处理效果的同时还可以美化环境，调节气候，节约水资源，增加生物多样性。表4-1为乡村生活污水十大技术模式。

表4-1 乡村生活污水十大技术模式

1. 沼气池资源化利用模式	6. “厌氧+兼氧过滤”模式
2. “沼气池+兼氧过滤”模式	7. “厌氧+微动力”模式
3. “沼气池+微动力”模式	8. “厌氧+人工湿地”模式
4. “沼气池+人工湿地”模式	9. “厌氧+稳定塘”模式
5. “沼气池+稳定塘”模式	10. 多种技术综合模式

（四）电力电信

确定用电指标，预测生产、生活用电负荷，确定电源及变、配电设施的位置规模等；确定供电管线走向、电压等级及高压线保护范围；提出现状电力电

信杆线路整治方案，确定电力电信杆线路布设方式及走向。

（五）能源利用及节能改造

确定乡村生产生活所需的清洁能源种类及解决方案；提出可再生能源利用措施；提出房屋节能措施和改造方案，明确节水措施。

（六）环境卫生

按照农村生活垃圾分类收集、资源利用、就地减量等要求，确定生活垃圾收集处理方式，合理确定垃圾收集点的布局与规模。

思考题

1. 居民点总体布局方案应注意哪些问题？
2. 产业用地布局的基本任务是什么？
3. 基础设施规划包括哪些方面？

参考文献

[1] 陈前虎．乡村规划与设计［M］．北京：中国建筑工业出版社，2018.

[2] 金兆森，张晖．村镇规划［M］．南京：东南大学出版社，2001.

[3] 熊英伟，刘弘涛，杨剑．乡村规划与设计［M］．南京：东南大学出版社，2017.

[4] 姚燕子．基于国土调查数据的农村居民点时空演变及布局优化研究［D］．西安：西安科技大学，2021.

[5] 焦亚敏．农村居民点空间布局优化研究——以沛县朱寨镇为例［D］．北京：中国矿业大学，2015.

[6] 张荣天．丘陵区农村居民点空间格局特征及布局优化——以江苏省句容市为例［J］．江苏农业科学，2018，46（05）：343-346.

[7] 司春霞，胡瑞芝．我国农村居民点布局存在的问题及对策研究［J］．

农村经济与科技，2006（12）：64-65.

［8］中华人民共和国自然资源部．农村居民点整理与新一轮土地利用总体规划［EB/OL］．［2022-02-11］．农村居民点整理与新一轮土地利用总体规划，mnr. gov. cn.

第五章　乡村环境规划

第一节　乡村环境规划的主要任务和原则

以科学规划为手段，以实现经济、社会、环境协调发展为目标，以乡村环境整治为抓手，结合生态学的科学原理，强调以人为本的规划理念，将保护乡村环境、合理开发资源、平衡生态要素、促进区域发展有机结合，探讨乡村系统结构完整性、乡村功能的完善性、乡村景观的延续性，满足“生产发展、生活宽裕、乡风文明、村容整洁、管理民主”等要求，合理统筹、扎实做好基础设施建设，打造优美宜居的乡村环境。

一、乡村风貌营造认知

乡村风貌作为乡村意象的重要表现与组成部分，可以理解为村庄的面貌、格调，即由通过自然和人文景观体现出来的村庄传统文化与村庄生活的环境特征的物质意象和内在的非物质意象两部分组成。外显的村庄风貌反映在田园风光、乡村聚落、建筑形态和色彩特征等方面，其物质要素主要有独特的山水田景观、气候、植物、林地、果园、村庄聚落格局、整体建筑风貌等；内在的村庄风貌反映在乡村生活生产方式、民俗民风等方面，主要表现为特有的生活方式、传统民俗活动、节庆事件、美食、民间艺术、名人、历史传说、历史遗迹等。

村庄风貌的协调引导需要体现尊重自然、顺应自然、天人合一的理念，让村庄融入大自然，尊重村庄传统的营造思想，充分考虑当地的山形水势和风俗文化，积极利用村庄的自然地形地貌和历史文化资源，塑造富有乡土特色的村庄风貌环境，营造具有“可识别性”的乡村意象；而乡村意象也相应地通过自然景观、人工景观、人文景观三个方面的“物象”表征呈现出与之对应的景观构成要素，梳理提炼相互之间的影响要素，确定村庄风貌营造的内容。

二、乡村环境规划的主要任务

村庄设计的目标是营造具有乡村意象特征的村庄空间环境。基于村庄空间要素的多层次性，可从村庄空间的远景、中景、近景三个层次进行设计引导。

远景设计引导主要是通过生态景观系统梳理培育、自然地貌的整体格局控制、山体背景的林相改造引导、农田大地景观构建等方式，总体把握村庄形态。主要设计内容包括对村庄周边自然资源修复、对村庄环境四季色彩整体协调等，旨在明确村庄地域特色，通过村庄整体形象的构建形成面域层面的易识别特征。

中景设计引导是通过村庄内部空间形态环境设计，形成具有乡村意象的村落环境。该层面的村庄设计侧重于某一个系统的组织，其中以村庄公共空间边界为关注重点。主要设计内容包括村庄交通功能空间的梳理、街巷空间界面的营造、村庄边界形态以及各个功能片区整体意象的引导等。中景设计起到承上启下的纽带作用。

近景设计引导是对村庄内部公共活动空间进行设计，其中包括公共活动场地、村庄入口空间、集会场地以及晒场等生产场地，以及村委会、商业服务、学校、公共设施等功能节点。微观层面的设计相对于中观层面，是以点状空间为对象，重点关注人的尺度和需求。

三、乡村环境规划的原则

（一）整体性原则

村庄风貌与村域范围内自然环境及生态格局有着必然的联系。在进行村庄风貌设计引导时，应从村域的整体宏观视角出发，遵循自然山水格局，与周边生态环境相适应，或通过生态修复将村庄与周边自然环境有机连接，形成整体的自然景观风貌。

自然风貌由多种影响因子共同组成，涉及自然、生态、美学、经济等多个方面，在村庄风貌设计引导时首先应从自然风貌的整体性、完好性出发，对各个影响因子进行综合考虑，合理安排村庄布局方式，实现人文与自然两个环境的和谐统一。

（二）地域性原则

村庄的自然生态资源、聚落生活资源、经济生产资源是构成村庄特色风貌的载体，三者之间的相互作用构成了村庄风貌的意象。其中，自然生态资源是基础，同时制约着聚落生活资源；不同地域的差异性造就了不同的聚落生活资源，包括聚落空间资源、乡土文化资源；经济生产资源作为乡村经济发展载体，依托于自然生态资源与聚落生活资源，为乡村风貌创造新的空间特色。

村庄的街巷肌理、院落构成、建筑形体、建筑色彩、细部空间以及节点空间对人的认知体验最直接。在村庄风貌设计引导中，需要充分理解和体会村庄本身的特色和规律，才能进一步保护和传承村庄的传统风貌。

第二节　乡村景观小品规划设计

在美丽乡村建设中，村庄入口空间是乡村景观的重要节点，其对乡村形象的塑造，对环境的美化，对乡村整体形象塑造所起到的积极作用是不可估量的。美丽乡村建设中村庄人口打造要点包括以下几个方面。

一、村庄入口空间的界定

村庄的入口即村口，在古代是一个村庄规划建设中非常重视的部分。对于家园命运的梦想和希望，往往通过村口的精心设计来表达。

村庄入口关乎村庄的整体形象。建筑是空间的艺术，人口空间是由一系列相关的空间组成的空间序列。它给人的感觉不应该是一座孤立的、呈平面形态的入口，而应是有进深的，并与整个环境协调，能体现人们对空间感受的丰富性，控制着人们的心理空间从内向外的转换。

二、村庄入口空间的功能

交通功能：村口是村庄的交通枢纽。根据村庄内部结构的不同，有的是环形道路的入口，有的是横穿村庄的道路上的一个节点。

标志功能：村庄的入口有界定、标志、引导的功能，划分村内与村外的界线，是乡村聚落板块与农田基质间划分的标志，是有人类活动的标志。

文化功能：村庄人口空间是一个村文化的集中体现，有些以农家乐为主要产业的村庄，人口空间还具有广告宣传的功能。

三、村庄入口空间景观设计应遵循的原则

村口街巷应满足村庄间题名、指向、车行、人行以及农机通行的需求。因

此，村庄人口空间景观设计应遵循以下四个原则：

第一，选址科学，安全合理。入口空间属于交通要道，应避免自然灾害对其影响，宜平坦、开阔，使其交通通畅。距离村庄居民区有一定的距离，使内部安静舒适。同时要配合村庄规模和周围景色合理建筑，使大门及附属建筑的体量和风格与环境相协调。另外，过于厚重的建筑，一旦倒塌可能造成交通堵塞或更多的危险发生，安全是村庄入口建设的首要问题，尤其是灾害频发的偏远山区。

第二，空间有序，收放自如。空间序列设计的目的是提供高潮迭起的丰富景观层次。景观序列应与交通环境相匹配，在不进行大面积铺装的情况下，做出尺度适宜、收放有致、感受亲切的空间最理想。

第三，因地制宜，就地取材。与环境完美结合并且具有浓厚的乡土气息就是好的景观。应用当地特有的建材可以减少花费，同时体现原汁原味的乡土气息。

第四，主题突出，造型新颖。体现乡村的文化是人口空间的重要任务之一。选取最能代表乡村特色，且最能唤起使用者归属感与认同感的题材，便于在使用者与观赏者之间建立文化的认同。同时利用有限的景观集中制造一个深刻的印象，要避免过于抽象，尤其是对于生僻的典故等。越是抽象，需要理解的时间也就越长，在短暂的通过时间里，如果不能辨识和很好地找到方向，游客的体验度将会大打折扣。

四、美丽乡村入口景观设计原理

景观生态学是研究景观单元的类型组成、空间格局及其与生态学过程相互作用的综合性学科。该学科的研究核心是强调空间格局、生态学过程与尺度之间的相互作用。国外的景观生态学研究起步较早，德国区域地理学家 C. Troll 于 1939 年首次采用了“景观生态学”一词，并且根据欧洲区域地理学和植被研究的传统对景观生态学做了定义。我国在景观生态学方面的研究虽然起步比较晚，但是通过对国外理论系统的学习和研究，近年来的发展还是比较引人注目的。现代景观生态学指出组成景观的结构单元有三种：斑块、廊道、基质。斑块、廊道和基质模型成为景观生态学的一种理论表达，也是用景观生态学来解释景观结构的基本模式。斑块是指不同于周围背景的非线性景观元素，与周围的基质有着不同的物质组成。斑块的内容很丰富，表现在大小、数目、形状和位置等多方面。廊道是连通各个斑块的通道，也是联系相对孤立的景观元素之间的线性或者带状结构。廊道的重要结构特征包括宽度、组成内容、内容环境、形状、连续性以及与周围斑块或者基质的作用关系。基质是指景观中分布最广、连续性也最大的背景结构。由于人的活动范围的扩大、活动内容的增加、活动频率的提高，自然斑块日益减少，随之带来的问题就是人与自然之间的矛盾越发突出和显著。那么如何在设计中既能保持物种的多样性，又能减少对资源的利用，改善生态环境才是我们应当思考的。

景美学理论从属于环境美学，从字面就可以看出，它的出发点是审美。通俗地讲，关注点是景观到底美不美，景观美学以审美特征、审美心理活动等为研究对象，通过统一、对称、均衡、对比、调和等来判断景观的美学性。景观美学不仅指自然景观，人文景观和人工景观也是景观美学的研究范围。如各种大自然的景观、人文景观中的雕塑景观、传统建筑等以及人工景观中的各种景观构筑物都可以被研究。

五、美丽乡村入口景观的提升规划

（一）突出入口标识

在我国现在大力推行美丽乡村建设的背景下，许多乡村正在贯彻落实党的纲领，但是，很多投资商只关心建成的项目的经济回报，对于美丽乡村的定位也不是很明确，导致在入口景观的打造上并不明确，和乡村的文化、历史等背景契合度低，大部分美丽乡村的入口区域景观十分雷同，游客很难在参观时有十分深刻的印象，也不太能够感同身受，体会当地的文化。在设计时应先深入

了解当地的文化背景，能够将当地特色融入到入口标识之中。

（二）丰富功能性

在调研了南京及周边地区的几个建成的美丽乡村之后，我们发现许多美丽乡村的入口区域在功能区域的划分上不是很明确，入口缺少停车场、集散广场等，使整个入口空间没有层次感，缺少在入口区域上对功能性的思考；而有的入口广场功能比较完备，区域划分也比较明朗，但缺少景观在审美上的追求。美丽乡村的入口景观在设计时应当考虑到审美与功能的统一，深度分析一个美丽乡村的规模大小、预期定位、入口大小、入口地形等各方面因素，才能使得景观的设计不会太过单调，并且能对入口空间的划分产生作用。

（三）协调植物配置

在大多数美丽乡村的入口区域植物设置上，我们可以发现，植物配置虽然丰富，但是生搬硬套的痕迹比较明显，例如南京市桦墅村的入口植物配置很好看，不过如若把这块区域的植物放置到一个小区的绿化上也能成立，放到城市的休闲公园也能成立，这样的景观配置缺乏自己的特色，缺乏对乡土树种的运用，更缺乏对乡村文化的考量。在乡村的入口景观这样特定的大范围下，植物的配置偏向于城市化，没有乡村那种大片生长的自然群落感，让人没有置身乡村之感，更像是来到了一个商业区域。另外，在彩色植物的应用上也有诸多不足，植物在四季的色彩上变化单一，常绿树种较多，不能产生颜色上的层次感。在乡村入口景观的设计上应该考虑其特殊性，多使用特色的乡土树种、丰富植物的层次感，能够强调美丽乡村这一关键。

（四）增强景观空间感

在设计时，需要增强入口区域的空间感，提升景观的观赏价值。在调研中，我们发现绝大多数美丽乡村的入口景观的空间感比较薄弱，没有景观层次，景观比较杂乱，没有观赏价值。例如，南京市杨柳村的入口景观仅由一块牌坊和周围零星的绿植组成，入口区域已经被许多的小商贩占领，绿化也只有低矮的灌木，整体入口景观的质量较差，和整个乡村的氛围格格不入，十分影响入口区域的观赏效果。

（五）提升构成元素特色

特色化的入口区域景观构成元素有助于彰显某一地区的乡村特点，提升其独特性。现有建成的美丽乡村的入口景观在设计上大多比较简单，在风格上也都千篇一律，比较雷同，缺乏自己的文化特色。例如，江浙一带的美丽乡村几乎都在入口处设置一块牌坊，在牌坊上刻上村庄的名字，再在周围点缀一些花草便完成了。没有因地制宜地运用各种入口景观的构成元素，更不要说是针对这块区域进行入口的景观设计了。

（六）协调统一乡村生态环境

虽然我国正在大力推行美丽乡村的建设，但总的来说目前我国的美丽乡村建设还处于发展的初级阶段，许多情况下对于美丽乡村的建设本质还是模棱两可的。在建设时，往往一些投资商只把乡村当成获得经济效益的产品，只从自身利益考虑，在这种情况下，只要是有利可图的就会被照搬进来，但往往这些照搬进来的景观会显得十分生硬，与村内的生态景观不能融合在一起，没有美丽乡村的代入感。在对入口景观进行建设时，应当充分考虑乡村的生态环境，使得入口建设有据可循。

六、美丽乡村入口景观设计的应用

第一，在入口景观的设计上应当紧紧围绕美丽乡村的主题和当地的文化特色，在设计前深入研究当地的传统文化、民风民俗、历史背景，并将这些东西和景观设计融合在一起，使游客能够在一到乡村的入口处就感受到浓浓的地域特色与乡村的美好景观；第二，能够因地制宜对空间进行划分，使入口区域的各种功能都能得到均衡的分布，将功能性的景观融入景观设计中；第三，景观构成元素要符合当地的地域文化和地方特色，要根据乡村的具体实际情况来决定，不可盲目照搬和套用；第四，植物配置上要做到符合当地特色和乡土文化，不能千篇一律，在颜色和常绿落叶等搭配上也要足够丰富，使景观能够产

生层次感，多使用乡土树种，把乡村的精神弘扬出去，提高植物的观赏价值。

第三节　乡村防灾减灾规划设计

在新农村建设中，应该将“防灾型社区”建设融入乡村建设规划，合理安排农村各项建设布局，与村庄建设同步规划、同步进行、同步发展，既保持农村良好的生态环境，避免对自然环境的人为破坏，减轻各类灾害对农村正常经济和社会生活的影响又从根本上逐步改善农村防灾减灾基础设施条件，提高防灾减灾能力。在防灾减灾的规划中，除了消防规划外还必须严格按照防洪、抗震防灾、防风减灾、防疫的要求进行统一部署。

一、防洪规划

村庄的防洪建设是整个区域防洪的组成部分，应按国家《防洪标准》（GB 50201—2014）的有关规定，与当地江河流域、农田水利建设、水土保持、绿化造林等规划相结合，统一整治河道，修建堤坝、圩垸等防洪工程设施。位于蓄、滞洪区内的村庄，应根据防洪规划需要修建围村埝（保庄圩）、安全庄台、避水台等就地避洪安全设施，其位置应避开分洪口、主流顶冲和深水区，围村埝（保庄圩）比设计最高水位高1.0~1.5米，安全庄台、避水台比设计最高水位高0.5~1.0米。防洪规划应设置救援系统，包括应急疏散点、医疗救护、物资储备和报警装置等。

二、抗震防灾规划

社会主义新农村建设规划研究调查显示，农民新建住房虽然80%以上是楼房，但其中90%以上均未进行抗震规范设计，施工质量不高、品位低，不仅浪费了大量人力、物力、财力，影响了环境，而且没有从长期性、根本性上改善农民居住条件。

国家“十一五”规划已把农村的抗震工作列为重点发展工作，在今后的10~20年，震灾工作将成为农村工作的一个重点。要构建和谐社会，实现全面小康，就必须把防震减灾作为国家公共安全的重要内容，动员全社会力量，进一步加强防震减灾能力建设。

在新农村建设中，如何将防震减灾工作纳入整个村镇规划、建设与管理中，已成为重要的问题之一。村庄位于地震基本烈度在6度及6度以上的地区应考虑抗震措施，设立避难场、避难通道，对建筑物进行抗震加固。防震避难场指地震发生时临时疏散和搭建帐篷的空旷场地。广场、公园、绿地、运动场、打谷场等均可兼作疏散场地，疏散场服务半径宜不大于500米，村庄的人均疏散场地宜不小于3平方米。疏散通道用于震时疏散和震后救灾，应以现有的道路骨架网为基础，有条件的村庄还可以结合铁路、高速公路、港口码头等形成完善的疏散体系。

对于公共工程、基础设施、中小学校舍、工业厂房等建筑工程和二层住宅，均应按照现行规范进行抗震设计，对于未经设计的民宅，应采取提高砌块和砌筑砂浆强度等级、设置钢筋混凝土构造柱和圈梁、墙体设置壁柱、墙体内配置水平钢筋或钢筋网片等方法加固。

三、防风减灾规划

村庄选址时应避开与风向一致的谷口、山口等易形成风灾的地段。风灾较严重地区要通过适当改造地形、种植密集型的防风林带等措施对风进行遮挡或疏导风的走向，防止灾害性的风长驱直入，在建筑群体布局时要相对紧凑，避免在村镇外围或空旷地区零星布置住宅，在迎风地段的建筑应力求体形简洁规整，建筑物的长边应与风向平行布置，避免有特别突出的高耸建筑立在低层建筑当中。

易形成台风灾害地区的村庄规划应符合下列规定：第一，滨海地区、岛屿应修建抵御风攀潮冲击的堤坝；第二，确保风后暴雨及时排出，应按国家和省、自治区、直辖市气象部门提供的年登陆台风最大降水量和日最大降水量，统一规划建设排水体系；第三，应建立台风预报信息网，配备医疗和救援设施。

易形成风灾地区瓦屋面不得干铺干挂，屋面角部、檐口、电视天线、太阳能设施以及遮阳板、广告牌等凸出构件要进行加固处理。

四、防疫

村庄布局要便于疫情发生时的防护和封闭隔离，过境交通不得穿越村庄，现状已穿越的应结合道路交通规划，尽早迁出，村庄对外出口不宜多于 3 个。村庄的村民中心、学校、幼儿园、敬老院等建筑在疫情发生时可作为隔离和救助用房，建设时与住宅建筑间距应在 4 米以上。规模养殖项目应远离村庄或建在村庄外围，建在村庄外围的与村庄之间要有 10 米以上的绿化隔离带。

思考题

1. 乡村环境规划的主要任务与原则有哪些？
2. 村庄入口空间景观设计应遵循哪些原则？

参考文献

［1］陈前虎 . 乡村规划与设计［M］. 北京：中国建筑工业出版社,2018.

［2］郭君，孔锋，王品，吕丽莉 . 区域综合防灾减灾救灾的前沿与展望——基于 2018 年三次减灾大会的综述与思考［J］. 灾害学，2019，34（01）：152-156+193.

［3］张成岗，孙海琳 . 风险韧性构建与可持续减灾战略——打通农村防灾预警的“最后一公里”［J］. 人民论坛，2020（25）：56-59.

[4] 李永祥．迈向以社区需求为导向的防灾减灾研究——写在汶川地震十周年之际 [J]．云南社会科学，2018（05）：1-9+185.

[5] 胡斯威，师荣光，杨琰瑛．农业农村部环境保护科研监测所 乡村环境规划与评价创新团队 [J]．农业资源与环境学报，2022，39（01）：2.

[6] 张宏图．乡村环境规划与景观设计 [M]．北京：原子能出版社，2020.

[7] 王丹．环境保护视域下乡村景观生态规划设计研究 [J]．环境工程，2022，40（07）：285.

[8] 文卉．茶陵县湖口镇八旦村新农村景观改造设计 [D]．株洲：湖南工业大学，2018.

第六章 乡村调研与分析方法

乡村调查与分析是乡村规划与设计的基础。乡村是一个复合系统，涵盖社会、经济、文化、自然环境、建成环境、景观（乡村意象）6个方面。利用踏勘调研、资料调查、访谈调研、问卷调查四种方法获取乡村全面信息，进而使用因子分析法进行乡村系统整体分析、子系统整体分析或子系统的单因子分析，获取文字型、表格型、图片型与专题图型的现状分析结论，最终指导村域规划、居民点规划与村庄设计三个层面成果的编制，保证各层面编制成果的科学性与可实施性。

第一节 乡村调查的必要性

尽管从理论上讲，乡村规划应更多地调动村民的主动性和积极性，以村民为编制主体，规划师起到技术支持的作用。但是，考虑到我国目前的现实，自上而下为主的乡村规划编制模式还会持续很长一段时间，规划师短期内仍将保持规划编制的主导地位。因此，必须讨论在这样的情境下，乡村规划如何开展，如何更好地编制乡村规划。

城市规划需要现状调查，乡村规划中现状调查的必要性则更强。

第一，我国幅员辽阔，经济发展水平差异很大，地域特征也很明显。不同的地域文化形成了不同的村落形态和传统。比如，长三角区域的村落普遍与水网格局联系紧密，甚至部分乡村本身就是水乡田园；新疆的乡村则表现出地广人稀的特征；内蒙古的村庄则与畜牧业的发展紧密相关；吉林东部地区的乡村普遍与林业有紧密联系；山东的乡村空间格局则与儒家传统文化有较强的关联性。地域特征差异决定了乡村规划的编制难以有一成不变的模式。

第二，我国改革开放采取了非均衡的区域发展战略，不同地域的经济发展阶段和发展水平有较大差异，这必然体现在乡村发展水平上。比如，城市群地区的部分乡村已经进入到了工业化阶段，但西部偏远地区的乡村人口正在与温饱斗争；发达地区的乡村正在努力提高教育设施的服务水平，但西部部分地区仍在为扩大教育服务的覆盖范围而努力。

第三，相比城市而言，乡村规划的编制更加强调自下而上的工作方法。置身于其中的村民往往比来自城市（至少大多数）的规划师更了解当地情况和诉求。因此，民声就显得更为重要，这也是乡村规划能够顺利实施的保障。

第四，乡村地区的基础资料普遍较为欠缺、不齐，不像城市那样已经形成了纸质或者电子的资料体系。因此，乡村地区更加需要开展深入的调查研究，摸清实际情况，因地制宜地编制乡村规划。

第二节　调查内容与方法

充分调查是做好乡村规划与设计的前提，尤其是随着越来越多的对乡村少有接触的“90 后”甚至“95 后”的乡村规划师诞生，走上专业规划设计岗

位，如何全面深入认识乡村及乡村发展面临的社会、经济、生态环境问题显得更加重要。

一、调查内容

乡村系统是个大系统，涵盖社会、经济、环境、文化、景观等子系统，乡村调查应全面审视乡村各子系统及其相互作用形成的交叉系统，具体可以从以下六个方面展开。

（一）社会子系统

历史沿革：村庄不同历史时期村庄行政区划调整及其对应的空间演变轨迹，特别要注意空间轨迹演变的推动因素调研。

人口构成与流动：①村庄各自然村人口分布。②村庄人口家庭、年龄、社会构成、劳动力构成等。③村庄人口流入与流出数量。④流入人口的就业、就医、居住状况等。⑤历年人口变动情况表。

乡村管理机制：①有关乡村建设、社会发展等的议事规则。②上级政府促进乡村建设的举措、办法与规定。

村民意愿：①村民对村庄现状设施、环境状况的满意度。②村民对村庄建设、村容村貌、公共服务设施等满意度与发展愿景。③村民关于提高村民收入、村民致富等方面的设想。④村民对住宅流转、入市、迁建等意愿。

建房需求：①村庄规划期限内的个人建房需求。②当地村民建房的相关政策与标准。

（二）经济子系统

第一产业：①农业种植类型、收入与从业人口。②各类农业园区规模、面积与空间分布。

第二产业：①企业污染情况及今后发展设想。②村庄第二产业的企业名称、规模、产值、职工人数及产品。

第三产业：①乡村农家乐、民宿、庭院经济、乡村旅游项目情况。②第三产业发展存在的问题。③第三产业发展设想。

土地流转与村集体收入：①村庄土地流转收入。②村集体收入主要来源。③家庭收入主要来源。

（三）文化子系统

村庄非物质文化遗产：①村庄习俗、节庆活动、传统美食、传统祭祀活动等。②民间文学、口头技艺、名人、工艺品等。

村庄物质文化遗产：①文保点、不可移动文物、历史建筑等分布位置、等级。②古桥、古墓、古井等历史环境要素分布位置、等级、保存完好度。

传统风貌街区与建筑：①传统风貌街区分布及价值。②传统建筑风貌与分布。

（四）自然环境子系统

自然条件：村庄赖以生存的地形（山体）、水系、森林、气候等。

特殊生境：动物、植物的栖息地。

（五）建成环境子系统

村域土地利用：村域土地利用现状，含地类类别、面积、空间分布。

居民点土地利用：①村庄所有居民点土地利用现状性质、面积及空间分布。②村庄居民点分布图。

村庄基础设施：①村庄的给水、污水、电力、通信、环卫等基础设施的建设现状，涵盖管线走向、管径、管材、敷设方式与深度、村庄基础设施及相关设施空间位置与规模。②公厕与垃圾收集设施。③污水处理方式，垃圾处理方式。

村庄公共服务设施：村委会、小学、幼儿园、中学、卫生室、超市、便利店、菜市场、文化设施等位置与规模。

道路交通现状：①村庄主要对外交通线路名称、等级、位置、断面形式与宽度、路面质量。②村庄主要道路、次要道路、支路、巷路等名称、等级、位置、断面形式与宽度、路面质量、铺装形式与材料。③村内停车场建设现状。④桥梁形式与位置。

村庄绿化：①村民美丽庭院建设现状，包括采用的绿化树种。②进村道路及村内主要道路绿化现状。③绿化维护机制与资金来源。④村庄古树名木分布现状。

村民住宅：①村民住宅形式、建筑质量、建筑高度等。②村民建房水平。

（六）景观子系统/乡村环境

山水田：①乡村山体、水体、田园景观。②山、水、田、居的空间关系、形态与格局。

村口：①村口的标识。②村口空间景观。

主街巷：①主要街巷的肌理。②主要街巷的宽度、立面、地势、铺地、植物等。

边界：①村庄的边界（建筑界面）。②村庄外围的水体、山体、农田边界景观。

节点：村内公共空间分布与景观质量。

片区：①生活性、生产性、公共服务等片区范围与景观质量片区。②历史保护、旧村整治、新村建设等片区的范围与景观质量。

二、调研方法

（一）踏勘调研

踏勘调研法指通过乡村实地调研了解乡村各系统发展及建设状况。踏勘调研前要准备好村域和乡村居民点地形图、遥感图（如谷歌地图）以及收集、记录踏勘资料的材料；同时，踏勘过程中最好有当地向导带引。通过踏勘，直观感知乡村各种物质环境和乡村发展水平，了解乡村人居环境中的道路、公共服务设施、市政基础设施、建筑质量、建筑高度、建筑风貌、公共空间、景观绿地等状况和土地利用现状，初步了解乡村物质空间建设存在的问题、乡村经济（产业）与文化特色等内容；并采用地形图对照与记录（标注）、照片记录、手绘记录、观察等方法做好踏勘信息的记录。在踏勘过程中，要特别注意标出、记录实地现状与乡村地形图（遥感图）不一致的地方。有条件的情况下，踏勘期间最好能够住在村民中，时间为两周以上，以进一步充分了解调研乡村的发展历史、乡村的风土与人情、村民的意愿等内容。

（二）资料调查

乡村规划涉及上位规划、相关政策、村史村情等大量文字与图片资料。资料调查指的是在乡村基础资料收集清单基础上，通过村委会以及相关管理部门收集乡村规划相关规划及上位规划、历次村庄规划、村史村情、重要项目建设情况、人口构成及变迁情况、产业发展、体制机制、各类统计报表等相关文字和图片资料。

（三）访谈调研

访谈调研对象包括村干部、不同年龄层次的村民访谈，游客访谈，企业代表、乡镇政府干部代表等访谈。访谈内容围绕住房情况及个人建房需求、设施及人居环境的满意度与发展需求、产业发展、大项目建设、企业搬迁、城乡迁移、生活愿景、村集体领导力、乡村议事规则、资金来源等内容展开充分访谈，了解存在的问题以及问题产生的根源。访谈可采用座谈会、单独访谈、小组访谈等形式，要注意做好访谈记录。在访谈过程中，尤其要注意跟村民的交流方式，尊重地方习俗。另外，如果需要解决语言障碍问题，应该寻求懂地方方言的村干部、村里大学生等陪同与帮助。

（四）问卷调查

问卷调查的对象包括村干部、不同年龄层次的村民、游客、非农产业经营者代表、乡镇政府干部等。因此，要针对问卷调查对象的不同分别设计相应的调查问卷，以实现对调研乡村全面信息的收集与掌握。问卷调查的方式、方法整体上可以分为自填式问卷调查和代填式问卷调查两大类。其中，自填式问卷调查中的送发式问卷调查、代填式问卷调查中的访问式问卷调查最适宜在乡村问卷调查过程中使用。

第三节 分析内容与方法

一、现状分析的类别

针对现状调查收集、获取的乡村资料与数据，进行科学、全面的解读与分析是进行乡村规划与设计的前提，是确保乡村规划与设计成果具有科学性与可实施性的重要保证。乡村现状分析包括乡村社会、经济、自然环境、建成环境、文化、景观子系统现状条件的系统整体分析、子系统整体分析、子系统单项因子分析三类。

系统整体分析：乡村的社会、经济、文化、自然环境、建成环境、景观现状条件的整体分析。

子系统整体分析：乡村的社会、经济、文化、自然环境、建成环境、景观子系统现状条件的整体分析。

子系统单项因子分析：乡村的社会、经济、文化、自然环境、建成环境、景观子系统现状条件的单项因子分析。

二、现状分析的方法

因子分析法是一种简单、明晰的现状分析方法。首先，将调查获取的乡村社会、经济、自然环境、建成环境、文化、景观等对于乡村规划与设计具有直接或潜在影响的每个现状条件作为一个分析因子；其次，制定每个因子的分析或评价的定性标准或定量标准；最后，根据需要，利用各种制图或绘图软件进行单因子分析图、多因子（叠加）分析图的绘制，进行系统整体分析、子系统整体分析或单项因子分析。进而取得诸如区位分析、上位规划分析、SWOT

分析、生态敏感性分析、土地适宜性分析、景观分析图、村民意愿分析等各类专项分析成果。

由于ArcGIS类软件具有强大的地理信息存储、查询、表现与分析功能，它已经成为进行乡村现状分析时最常用的软件之一。此外，在进行乡村现状分析时，也可以针对乡村现状条件的特点对现状条件因子赋予权重值进行分析。现状分析过程中要尽量遵循全面性、系统性、客观性、科学性等原则，以保证现状分析结果、结论对乡村规划与设计真实的引导、约束作用。

三、现状分析的实施

（一）系统整体分析

1. 区位分析

事物区位有两层含义：一是指该事物的位置，即绝对区位；二是指该事物与其他事物的空间联系，即相对区位。区位认识方法主要包括两类：一类是整体到局部的方法，即要认识一个地方的位置，最好先知道其在上一级区域中的相对位置，这也是区位认识的基础；另一类是地图认识的方法，具体包括坐标法、界线法、相关法、形态法、特征事物法以及综合法等。区位分析方法主要包括以下五个步骤：确定区位分析的对象、选择区位分析的现状条件要素（位置要素、自然区位要素、社会与经济区位要素）、思考区位分析的要求（全面、对比、优势、主导因素分析）、制定区位分析的要点、实施区位分析。科学、全面的区位分析对于确定乡村发展定位、用地布局、产业导向等具有重要作用。

2. 上位规划分析

各种上位规划体现了上一级规划对土地利用、空间资源、生态环境、基础设施、产业发展等内容构想与要求，具有全局性、综合性、战略性、长远性的特点；均衡了近期与远期、局部与全面、单一与综合、战术与战略利益的考量；它们是下位规划的引导性、约束性规划。通过对相关的县市级（上一级）

的乡村体系规划、乡村用地规划、乡村服务设施规划、乡村基础设施规划、乡村风貌规划、乡村整治规划，交通系统规划，旅游规划、环境保护规划以及镇（乡）域村庄布点规划包括的村庄空间布局、村庄发展规模、空间发展导引、支撑体系、防灾减灾、实施建设时序安抚等相关上位规划信息的全面解读，才能有依据、科学性、协调性地进行具体的村庄规划。

3. SWOT 分析

也称为自我诊断法，其中，S（Strengths）表示优势，W（Weaknesses）表示劣势，O（Opportunities）表示机会，T（Threats）表示威胁。即，基于内外部竞争环境和竞争条件下的态势分析，就是将与研究对象密切相关的各种主要内部优势、劣势和外部的机会和威胁等通过调查列举出来，并依照矩阵形式排列，然后用系统分析的思想，把各种因素相互匹配起来加以分析，从中得出一系列相应的结论，并且结论通常带有一定决策性。运用这种方法，可以对规划乡村所处的情景进行全面、系统、准确的研究，从而根据研究结果制定相应的发展战略、计划以及对策等。

4. 生态敏感性分析

生态环境敏感性是指生态系统对区域内自然和人类活动干扰的敏感程度，它反映区域生态系统在遇到干扰时，发生生态环境问题的难易程度和可能性的大小，并用来表征外界干扰可能造成的后果。生态敏感区包括水源保护区、风景名胜、自然保护区、国家重点保护文物、历史文化保护地（区）、基本农田保护区、水土流失重点治理及重点监督区、天然湿地、珍稀动植物栖息地、红树林以及文教区等区域。生态敏感性分析可以针对特定生态环境问题进行评价，也可以对多种生态环境问题的敏感性进行综合分析，明确区域某种或综合生态环境敏感区的空间分布以及生态问题发生的可能性大小等，也可以指导村庄各类型用地范围的划定。

5. 土地适宜性分析

土地适宜性即土地在一定条件下对不同用途的适宜程度。土地适宜性分析就是根据土地的自然、社会、经济等属性，评定土地对于某种用途（或预定用途）是否适宜以及适宜的程度，它是进行土地利用决策，科学地编制土地利用规划的基本依据。土地适宜性可分为现有条件下的适宜性和经过改良后的潜在适宜性两种。土地按其适宜的广泛程度，又有多宜性和单宜性之分。多宜性是指某一块土地同时适用于农业、林业、旅游业等多项用途；单宜性是指该土地只适于某特定用途，如陡坡地仅适宜发展林业、水域仅适宜发展渔业等。由于每块土地有不同等级的质量，因此在满足同一个用途上，还有高度适宜、中等适宜、勉强适宜或不适宜的程度差别。

（二）子系统分析

1. 社会子系统

村庄现状社会子系统包括村庄历史沿革、人口构成与流动、乡村管理机制、村民意愿以及村民建房需要等现状条件。其中，村民意愿分析是乡村规划与设计中需要特别注意的一项重要内容。依据《城乡规划法》第十八条规定，乡规划、村庄规划应当从农村实际出发，尊重村民意愿，体现地方和农村特色。具体来说，村民意愿分析大体包括两个方面：一方面是村庄整体发展，也就是村集体对于村庄整体发展的集体利益的意愿；另一方面是村民个体生产生活，即村民对于其从事的生产劳动和居住环境改善的意愿。进一步细分，村民意愿主要分为四种：村庄发展意愿、村民生产意愿、村民生活意愿和村民资产意愿。村民是村庄的主人，通过对村庄村民意愿的全面分析，科学性、专业性地进行村域规划、居民点规划、村庄设计、村居设计等取得规划成果才是最现实可行的。此外，特别需要注意的是，对于一些已经具有一定产业发展基础的乡村，在进行村民意愿分析时可以进一步对产业利益相关人员（“客人”，即除原村民外）意愿的分析，进而保证乡村规划能够全面反映、代表村庄发展利益与方向。

2. 经济子系统

乡村经济子系统现状主要包括乡村性质，产业发展导向，一二三产业规模、比例发展情况与发展意愿，主导（特色）产业类型、发展情况与发展愿意，产业从业人员状况等内容；还包括乡村集体收入、家庭收入主要来源等内容。乡村经济状况是评价乡村发展现状、质量与潜力的重要依据之一，是建设和谐、富裕、文明的新农村的核心内容之一。对乡村经济子系统的全面分析是进行乡村规划与设计的重要前提，尤其对于确定乡村的产业发展目标、产业发展策略、产业项目策划、产业空间布局等具有直接作用。

3. 文化子系统

乡村文化子系统现状主要包括乡村非物质文化遗产、乡村物质文化遗产、传统风貌街区与历史建筑等内容。乡村文化资源是系统乡村发展的文化本底，是乡村可持续发展与特色化发展的重要依托，是乡村具有或打造独特的、有魅力的景观意象的重要元素。尤其在当前乡村旅游作为解决“三农”问题、促进乡村发展与振兴的重要手段与路径的前提下，对各种乡村文化在挖掘、保护、传承的基础上进行利用是乡村地区进行旅游开发的重要资源、最具特色的旅游吸引体验物。

4. 自然子系统

乡村的地形（山体）、水系、森林、气候等自然环境资源是乡村发展的本底，是乡村可持续发展的自然依托，是乡村规划的自然背景，是乡村具有或形成整体和谐景观意象的重要依托之一，反映了乡村在选址与发展过程中人类与自然的协同共生过程。此外，在乡村地域内存在的特殊、有价值的生物栖息地也是需要在乡村自然子系统现状分析中辨析、加以保护的重要资源。

5. 建成环境子系统

乡村建成环境子系统的现状主要包括村域土地利用现状、居民点土地利用现状、村庄公共与市政基础设施现状、村庄绿化景观现状以及村民住宅建筑现状等方面。这些现状条件是保障与建设品质乡村生活的重要物质条件，同时也是进行乡村规划与设计时需要进行科学编制的重要内容，因此需要在结合详细现状调查（或结合已有相关规划资料）的基础上进行全面的分析。

6. 景观子系统

乡村景观子系统（乡村意象）的现状主要包括山水田、村口、主街巷、边界、节点、片区六个元素，这些是乡村形成整体、协调、有识别性、可印象性乡村景观（乡村意象）的重要组成元素。良好的乡村意象的形成与打造是切实提升村民人居生活品质、开发各种类型乡村旅游地（产品）的重要依托。如山水田要素主要指乡村周围相连、相依、相望的山体、水体和农田，反映了乡村在选址、整体布局中的因地制宜、天人合一的朴素生态理念，最终形成乡村景观整体意象明显、居住环境舒适、生产条件适宜的乡村理想人居环境。

第四节　调研分析报告

完成现状资料与数据的收集、调查分析后，需要进一步归纳、总结，形成一份内容全面、条理清楚的调研分析报告，调研分析报告提纲如表 6-1 所示。

表 6-1　调研分析报告提纲

村庄概况	经济概况	建成环境	社会概况
区位概况 道路交通 人口概况 历史沿革	第一产业 第二产业 第三产业 土地权属 村庄收入	土地利用 基础设施 公交服务设施 内部交通 村庄绿化 开放空间 民宅状况	村庄管理机制 村民建成环境意愿 村民产业发展愿意 村民建房需求 村民迁建意愿

续表

文化资源	自然环境	景观特色	问题总结
物质文化遗产 非物质文化遗产 传统街区 历史建筑	水系状况 地形特点 森林状况 气候条件 特殊生境	山水田、村口 主街巷 边界人口 节点、片区	人口、交通 产业、建成环境 村民意愿、文化 自然环境、景观
发展方向分析	发展定位、发展目标、产业策划、近期目标、中远期目标		

思考题

1. 乡村调查的内容与方法分别有哪些?
2. 乡村防灾减灾规划包含哪些方面?

参考文献

[1] 李京生. 乡村规划原理 [M]. 北京：中国建筑工业出版社，2018.

[2] 陈前虎. 乡村规划与设计 [M]. 北京：中国建筑工业出版社,2018.

[3] 迪静. 乡村振兴背景下的乡村景观规划设计研究 [D]. 杭州：浙江大学，2020.

[4] 姚国鹏. 湖南旅游型乡村农业生产性景观规划研究 [D]. 长沙：湖南农业大学，2021.

[5] 李郇，黄耀福，陈伟，秦小珍，陈銮，许伟攀. 乡村建设评价体系的探讨与实证——基于 4 省 12 县的调研分析 [J]. 城市规划，2021，45 (10)：9-18.

[6] 魏加兴，郭轩汶. 基于 Kano 模型的红色乡村旅游服务设计研究 [J]. 包装工程，2023，44 (04)：379-389.

[7] 蒋金亮，刘志超. 时空间行为分析支撑的乡村规划设计方法 [J]. 现代城市研究，2019，34 (11)：61-67.

第七章　案例分析

第一节　东北地区乡村规划案例

案例一：黑龙江省甘南县兴隆乡兴鲜村村庄规划（2020-2035年）

一、村庄概况

兴鲜村隶属于甘南县兴隆乡，位于兴隆乡西侧，距甘南县城12公里，区位优势良好。S309公路东西向贯穿兴鲜村，交通条件便利。阿伦河从村域西侧流过，自然环境优美。兴鲜村为朝鲜族聚居村，碟子舞为省级非物质文化遗产，村庄民族风情浓厚，属于特色保护类村庄。

兴鲜村下辖8个屯，常住户数299户，常住人口798人。2019年底，村域土地总面积3678.47公顷，其中：农用地面积3421.49公顷，占比为93.01%；建设用地面积53.84公顷，占比为1.46%；其他用地面积203.14公顷，占比为5.52%。

二、规划构思

本次村庄规划分为三个步骤，即发现问题—解决问题—规划落实。在发现问题阶段，通过前期现状调研、实地踏勘和座谈访谈等手段，深入了解村庄情况。通过梳理现状，分析其特征、存在问题以及村民、村庄的实际需求，以“村庄+村民”的现存问题及需求导向为规划抓手。

在解决问题阶段，结合村庄区位、现状资源、产业基础条件和村民、村庄需求，找准村庄定位并明确发展目标，提出切实可行的规划策略。

在规划落实阶段，结合村庄现存问题和发展需求，明确村庄发展方向，从土地利用、公共服务、基础设施、村屯撤并、产业发展等方面进行规划落实，指引村庄建设，实现发展目标。

三、规划主要内容

（一）现状分析

现状调查从村庄发展现状和村民需求意愿两方面入手。村庄方面着重分析村庄用地、人口、产业和环境。村民方面重点了解集体经济发展需求和村民生产生活方面的意愿。分析发现兴鲜村存在特色不突出、用地不集约、环境待改善等问题，结合村民生产发展和美好生活需求，明确特色营造、土地集约、环境整治等村庄规划方向。

（二）目标定位及规划策略

1. 目标定位

明确兴鲜村“多规合一+民族文化+特色旅游”的生态宜居美丽村庄的定位。将其打造成黑龙江省富民安居样板村、齐齐哈尔市民族文化传承村、甘南县特色旅游先进村。

2. 规划策略

兴鲜村为特色保护类村庄，明确“特色营造、保护优先、错位发展”的规划重点，提出五大规划策略：风貌延续，营造特色空间形态；保护有效，尊重历史生态环境；文化传承，保护传统特色资源；人口集聚，协力激发村庄活力；产业联动，激活绿色乡村经济。

（三）村庄规划

1. 土地利用规划

落实生态保护红线和永久基本农田，划定村庄建设边界线，优化村庄用地布局。

2. 公共服务设施与基础设施规划

根据《黑龙江省村庄规划编制技术指引》中的公共服务设施基本配置要求、村庄现状和村民需求，完善、提升村庄公共服务设施与基础设施。

3. 道路交通规划

尊重村庄现状道路骨架，完善路网结构。对现有道路进行提档升级和维护，提高村屯内部道路硬化率、维护道路边沟、完善道路两侧绿化等。

4. 村屯撤并规划

从“空心化”率、砖瓦化率、老龄化率和用地规模等方面进行对比分析，提出撤并屯的建议。明确撤并屯的功能，并考虑撤并屯人员的安置问题，结合村民意愿，采取提供经济补偿或者安置房等措施。

5. 产业规划

立足现状，聚焦优势，壮大基础，培育特色。依托良好的资源优势，巩固种植业、养殖业，打造绿色农副食品示范。依托朝鲜族民族资源，培育乡村旅游、朝鲜族食品、乡村电商等特色产业。

四、创新点及经验启示

（一）注重公众参与，依照村民意愿

规划初期，对村内299户常住居民进行民意调查，涉及基本情况、居住环境、产业发展、基础设施等方面，了解发展需求；规划中期，召开村民代表大

会对规划阶段性方案进行研讨，提出修改意见；规划末期，在村内张贴规划成果公示板，用“村民看得懂的图，村民听得懂的话”向村民展示和解释村庄规划，进行成果公示。

（二）注重产业规划，营造特色产业

在村域、集中建设区两个层次上，结合自然资源，划定产业发展核心区。规划核心区形成“一心两轴、一带四区”的空间结构。其中，“一心”为朝鲜族文化体验中心；“两轴”为沿主干路形成的两条美丽乡村发展轴线；“一带”为沿阿伦河形成的滨水体验带；“四区”为村民居住区、快乐农场体验区、浪漫花谷和现代农业示范区。并进行分区详细规划。

（三）注重整治规划，优化人居环境

规划提出“六治、四化”的村庄整治策略。其中，“六治”为院落整治、建筑整治、围墙大门整治、道路整治、给水整治、环境及风貌整治；“四化”为道路硬化、环境绿化、夜景亮化、村庄美化。通过村庄整治，优化人居环境。

案例二：乡村振兴背景下特色田园乡村规划研究
——以敦化市小山村为例

一、村庄概况

（一）基础条件

敦化市隶属于延边朝鲜族自治州，是延边州的西大门，吉林省的东大门，一直以来都有“千年古都百年县”之称，而雁鸣湖镇地处长白山脉张广才岭南麓，具体的地理坐标为东经128°11′40″至128°45′30″、北纬43°39′20″至43°51′28″，而雁鸣湖镇小山村位于雁鸣湖镇东北端，距离镇区大约有20公里，距离敦化市区大约70公里，村落处于黑龙江和吉林两省的交汇之处。全村总面积为101平方公里，其中水域面积350公顷、耕地面积1644公顷、公益林面积138公顷，特殊的区位位置，使这里地理条件优越、自然景观秀美，并兼具黑龙江和吉林两省及延边少数民族的文化特色。

敦化市雁鸣湖镇小山村位于国家湿地保护区腹地，三面环水、一面靠山，自然条件极为优越，且处于沿江气候，全境温度环境极佳，全年无霜期130天左右，有效积温2350℃～2400℃，降水量为500～600毫米。雁鸣镇小山村淡水资源丰富，淡水养殖条件极佳，有国家重点保护生物37种，国家重点保护野生植物9种。

（二）现状及问题

1. 文化传承不佳

雁鸣湖镇小山村的发展并未凸显出敦化“千年古都百年县”以及渤海文化发源地和延边朝鲜族特色，文化传承不佳。生搬硬套村庄建设规则，乡土文化无人传承致使雁鸣湖镇小山村的文化传承存在极大危机。

2. 乡村治理不到位

一方面，特色田园乡村规划是一个复杂的问题，涉及经济、文化、生态、社会、政治等多个方面，但现下政府职能部门还比较分散，投入分散的管理方式，无法实现有效的聚焦聚合，难以集中各部门的优势，使敦化市政府在特色田园乡村规划中的作用不能得到有效发挥，严重影响了雁鸣湖镇小山村的治理效率。另一方面，村民参与意识不强。一直以来，雁鸣湖镇小山村村民主人翁意识不强，绝大多数村民村庄治理参与都不积极，而少数参与到村庄治理的村民，治理能力比较欠缺，仅凭着经验感觉做事，提出的规划方案多不切实际，不能为雁鸣湖镇小山村特色田园建设发展做出贡献。

3. 产业内生动力不足

敦化市雁鸣湖镇小山村虽然区域位置极佳，自然条件优越，经济社会基础良好，但在产业发展方面却一定动力不足，亟待转型升级。以农业为第一产业的敦化市雁鸣湖镇小山村，主要种植的农作物是玉米和黄豆，而玉米和黄豆是东北三省几乎每一个村庄都会种植的农作物，这表示敦化市雁鸣湖镇小山村并没有代表自身特色的农产种植。加之，生产作业还是以零散户种植为主，并且采用的是粗犷的生产方式，因此第一产业竞争力低下，农民增收缓慢，产业活力不强。

4. 生态人居不优

过往由于盲目地追赶经济，过度开山采矿、毁林造田以及大肆开发旅游业，这对在敦化雁鸣湖镇小山村的生态环境造成了一定的破坏，致使泥石流等自然灾害问题频发。近些年，政府对当地生态环境治理加大了力度，但整体还是以刷树刷墙的外表美化治理为主，并没有从本质上实现对乡村人居环境的有效维护。此外，小山村还存在传统居住空间与现代化生活不匹配的问题，在敦化雁鸣湖镇小山村规划建设中，一些偏城市化的规划设计并不符合当地村民一直以来的生活习惯，缺少农产品初级生产和深加工生产的设施空间。同时养老设施及相关生活配套设施不足，卫生医疗服务设施不足。

二、规划发展对策

（一）产业发展策略：提升内生动力

产业兴旺是乡村振兴的重要基础，是解决农村一切问题的前提。特别是在乡村振兴背景下，产业是特色田园乡村打造的内生动力，对于敦化市雁鸣湖镇小山村而言，只有产业强、产业特，才能具有更强的内生动力。具体做法包括：

第一，发展现代农业。农业是农村发展的基础，是农村百姓的主要经济来源，而对于敦化市雁鸣湖镇小山村而言，若是想要实现振兴发展，就必须要改变以往落后、粗放的农生产方式，开发专属于自身的现代农业，可以从推广农业新型技术、倡导集约化耕种、提高招商引资力度、建造特色种植园、打造雁鸣湖品牌产品等方面着手。

第二，发展全域旅游。在乡村振兴背景下，敦化市雁鸣湖镇小山村的产业经济若是想要获得更好的发展，就必须要有专属于自身的“特色”产业，并形成特色的产业体系，实现小山村产业品牌化，这样才能从本质上为小山村的振兴增添源源不断的内生动力。科学布局，着力打造田园景观；绿色共享，打造小山村特色生态旅游业；整合促销推广，打造特色品牌；整合旅游业和农业，在发展农业的同时，打造特色旅游景观。

（二）乡村治理策略：实现多元共治

在乡村振兴背景下，高效的乡村治理是特色田园乡村规划顺利进行的保障，针对当前敦化市雁鸣湖镇小山村的治理情况，今后应该强调要健全自治、法治、德治相结合的乡村治理体系，整合社会价值，提高治理水平，将治理工作的重点放在“多元共治”上，通过政府“自上而下”地引导和村民“自下而上”地培育，多元主体共同参与村内治理，大力发展内—外联合型治理主体结构，通过资本、自然资源等媒介联结乡村内、外主体，形成共同治理力量。多元主体合作共治是健全乡村治理体系的主体路径，要分工明确、权责分明、有机融合，应当加强农村基层党组织建设，大力培育服务性、公益性、互助性农村社会组织。各类主体之间相互配合，构建出合作共治的治理格局。这样才能推动敦化市雁鸣湖镇小山村得到更好的建设和发展。具体做法包括：

第一，提高农民自治意识。一方面，村委会可以动员宣传。要发挥出自身的主导力量，加大政策宣传，以此改变村民被动规划的现状，促使村民可以积极主动地为敦化市雁鸣湖镇小山村特色田园乡村规划献计献策。另一方面，要健全村民自治制度。要依法加强村级民主选举，强化村级民主监督，创新村民议事形式。

第二，各部门协同指导。要树立“统一安排，形成合力”的指导原则，定期组织开展相关交流会议，协同农业农村局、旅游局、林业局、发改局、财政局、国土局等多个方面的意见，通过技术的有效共享、资金的充足保障、人员的配合支持，解决敦化市雁鸣湖镇小山村特色田园乡村规划建设中存在的问题，确保建设资源的高效利用。

第三，发展农村各类合作组织。大力发展服务型、公益型、互助型的农村

社会组织，支持参与农村公共事务、公益事业和社会化服务。厘清村民委员会、农村集体经济组织权责边界，保障村委会和农村社会组织各自依法开展自治活动。搭建农村社会组织管理服务平台，通过政府购买服务、以奖代补、直接资助、公益创投、人才培养等方式，解决农村社会组织在资金、人才、场地、管理等方面的困难。

（三）文化传承策略：弘扬特色文化

在乡村振兴背景下，文化传承是特色田园乡村规划的内生需求，只有做好乡村地方文化的有效传承，才能打造乡村地方精神文明，使规划出的特色乡村，永远保持生机和活力，因此在对敦化市雁鸣湖镇小山村进行规划建设时，能够制定有效的文化传承策略，加大对特色文化的挖掘和传承。具体做法包括：

第一，发掘传承文化，创建文化网络。加快文化融合传承创新示范区建设。在打造敦化市雁鸣湖镇小山村特色田园乡村时，规划建设者要深入地挖掘当地的文化特色，并尝试将这些文化符号节点进行连接，以此构建出专属于敦化市雁鸣湖镇小山村的文化网络。

第二，重塑文化空间，赋予特色活力。首先，要改造日常生活文化空间。在雁鸣湖镇小山村特色田园乡村打造过程中，要符合村民的生活方式，切记不可以为展示地方文化特色而对村民的生活习惯造成不便，如在改造的过程中，要充分地利用宅前屋后、湖畔水侧的空置空间，并通过文化元素的运用，如小木屋、苞米串、红辣椒、酸菜缸、石板凳等作为装饰资源，以此打造布置小菜园，打造特色的小品景观。其次，更新传统文化节事空间。在雁鸣湖镇小山村特色田园乡村打造过程中，可以通过庙宇、祠堂、集市的修缮，进一步更新传统文化节事空间，为节事活动的开展提供便利。最后，植入民间艺术展演空间。推进实施传统文化上墙活动，营造良好的文化传承和精神文明建设氛围。加强传统文化研究传播体系建设，深入挖掘整理，加快形成一批具有小山村特色和乡土气息的书画、影视、曲艺、文学、摄影等文化精品成果。推进乡村记忆工程，挖掘乡村特色文化符号，唤醒乡村的历史记忆。

（四）生态维育策略：优化环境品质

生态环境是乡村建设的基础，同时也是村民赖以生存的保障，在乡村振兴背景下，对敦化市雁鸣湖镇小山村进行特色田园打造，一定要关注环境品质的提升。具体做法包括：

第一，加快生态恢复。过往由于盲目的经济生产，小山村的自然环境受到了一定的破坏，因此在敦化市雁鸣湖镇小山村进行特色田园打造中，能够重新对当地的生态环境做出修复是十分必要的。在进行规划时，需要对水系统生态和土地田林生态进行修复，以改善当地生态环境。

第二，改善人居环境。首先可以更新建筑空间，不只是简单地刷墙、换窗、更新瓦顶，要结合人文背景、自然环境等色彩因素，形成具有地域文化特色的建筑色彩环境，要从村民生活舒适的角度对建筑空间进行更新。

第三，提高农村人居环境保障能力。坚持“建管并重”，整合各类管理资源和管理队伍，探索政府支持与村民自治、市场化运作相结合的农村环保设施管理体制。借鉴综治网格、计生网格、党建网格管理等模式，定人、定格、定岗，进一步将农村环境综合整治工作制度化、清晰化、责任化。严格落实无害化卫生厕所管护长效机制，加强厕具设施检查维修、污水定期清运和粪渣清运利用等后续管理工作。鼓励采取市场化运作手段，支持环保设备生产企业、第三方环保服务公司、旅游开发公司等市场主体，通过“认养、托管、建养一体”等模式开展后期管护，鼓励有条件的农村新型社区及经济强村建立物业公司。提倡相邻村庄联合建设基础设施，实现区域统筹、共建共享。推行环境治理依效付费制度，健全服务绩效评价考核机制，保障设施可持续运转。

案例三：哈尔滨市道里区榆树镇后榆村村庄规划（2020-2035 年）

一、村庄概况

后榆村隶属于哈尔滨市道里区榆树镇，位于榆树镇东北部，距离城区约

10公里，西侧距离临空经济区约15公里，交通十分便利。村域面积约12平方公里，下辖4个自然村，户籍1800户，人口0.54万人，村民以外出打工和种植玉米为主。属于城郊融合型村庄。

二、规划构思

本次村庄规划分为三个步骤，即精细调研—精准定位—精致生活。在精细调研阶段，通过前期地籍资料、农用地确权资料、村庄实地调研、问卷调查等手段，多渠道了解村庄实际建设问题和规划诉求。在精准定位阶段，以乡村振兴为目标，依据新时期国土空间规划中村庄规划的最新精神，以问题和目标为导向，结合宏观政策背景、现状资源、产业基础条件和村民、村庄需求，找准村庄定位并明确发展目标，提出切实可行的规划策略。在精致生活阶段，坚持“生态优先、底线思维、城乡融合、以人为本”的理念，提出打造“多彩田园、活力后榆”的村庄规划目标。规划从开发与保护、居民点建设、近期建设行动等方面进行规划落实，指引村庄建设，实现发展目标。

三、规划主要内容

（一）现状分析

首先，区位优势明显，城乡之间要素合理流动机制亟待健全。村庄东距城区仅15公里，处于哈尔滨都市半小时经济圈辐射范围内，省级园区坐落于村域，但城村、园村间没有互动发展，缺少融合发展机制。其次，人口流失严重，产业转型艰难。年轻人大多外出务工，中老年人留守在村内，受年龄、文化水平的限制，只能种植玉米，很难转向高劳动强度的蔬菜和高科技含量的经济作物种植。再次，农村基础设施建设滞后，人居环境差。村庄仅配有村委会、卫生室、供水房等基础设施，缺少公共活动空间及绿色开敞空间。最后，宅基地面积普遍偏大，缺少有效管理机制。由于历史原因，村庄户均宅基地面积较大，后榆村达610平方米，远超黑龙江省350平方米的标准。同时，由于近几十年宅基地管理体制的缺失，大部分村民“非法”在宅基地内进行房屋改建、扩建、翻建，还有村民迁居导致房屋闲置，因此，如何整合宅基地，如何规范建房，给村庄规划带来很大的挑战。

（二）定位、目标及规划策略

1. 定位

基于对村庄区位、现状梳理、融合各方诉求，按照乡村振兴提出的总体要求，将后榆村定位为“多彩田园，活力后榆”，三产融合发展的产业强村，生态宜居的美丽乡村。

2. 目标

到2035年，全面实现乡村振兴的奋斗目标，实现产业兴旺的活力乡村、生态宜居的美丽乡村、传承创新的文明乡村、和谐有序的善治乡村、生活富裕的富美乡村。

3. 规划策略

落实“三线”管控，强化空间用途管制；促进集约节约，优化国土空间布局；加强生态修复，推动国土空间整治；聚焦互通共享，提升基础设施水平；聚焦共建共享，打造农村综合生活中心；围绕产业兴旺，促进产业融合发展；聚焦文化导向，提升村组宜居水平；整合建设空间，实现村民安居理想。

（三）村庄规划

1. 落实三线管控，强化空间用途管制

以土地利用总体规划和工作底图为基础，初步形成以“三区、三线”为核心的用途管制分区方案，制定用途管制规则，待乡镇国土空间规划编制完成后进行相应调整完善，严格落实上位规划的管控要求。

2. 促进集约节约，优化国土空间布局

优化调整村庄各类用地布局，统筹安排农用地、建设用地和其他用地。

3. 加强生态修复，推动国土空间整治

树立“山水林田湖草生命共同体”的理念，落实上位规划或专项规划，

推进农业空间、建设空间和生态空间系统修复、综合整治，统筹谋划并因地制宜地开展国土综合整治与生态修复工作。

4. 聚焦互通共享，提升基础设施水平

一方面，城乡交通一体化发展。规划梳理城市快速路、智轨、公交等城市公共交通体系，建立城乡快速联络通道。优化公交线路至村庄内部，利用电瓶车衔接机场智轨站点，形成城乡无缝衔接的一体化发展体系。另一方面，园村基础设施一体化建设。规划积极沟通园区与村庄，协调有关部门，将给水、排水、供暖、环卫等基础设施引入村庄，解决村民供水水质差、生活污水排放难、分散供热污染大、垃圾无处放的问题。

5. 聚焦共建共享，打造农村综合生活中心

建设文体中心、养老服务站、幼儿园、活动场地、快递中心等设施，在满足村民生活服务需求的同时，吸纳村民以及外来务工人员的子女，解决后顾之忧，提振村庄人气和活力，实现村民生活市民化。

6. 围绕产业兴旺，促进产业融合发展

规划确定“强化第一产业、做足第二产业、拓展第三产业”的思路，建立一二三产融合的产业布局。通过创新运营机制，推行农业现代化发展，采取多主体参与、多业态打造的发展思路，建立“龙头企业+加工企业+合作者+农户”的模式，依托龙头企业形成现代农业机械种植区、有机蔬菜种植区等若干个基地，塑造农业特色品牌；与新榆工业园区互联互通，园区发展绿色食品加工园，将农业产业链延伸，进行深加工。打造都市旅游休闲农业，发展农家体验休闲区、现代农业科技园等，形成村集体收入的持续动力，带动村民就业与资产、资源收益，从而实现村民致富愿望。

7. 聚焦文化导向，提升村组宜居水平

结合后榆村平原地貌特征，整体形成“田园村交相互融”的现代产业园区与田园村落景观风貌特征，规划形成“两轴三区多节点”的景观风貌格局，指引后榆村整体风貌建设。

8. 整合建设空间，实现村民安居理想

首先，大力盘活村庄存量建设用地，按照“一户一宅”政策要求，引导拆除不合理住宅及建筑，按照“严控增量，盘活存量，优化结构，提升效率”的政策引导村民建设空间。规划针对东北地区村庄宅基地普遍偏大特征，创新性地提出住房建设控制线。规范村民翻建、新建住房的选址，在实际建设中，满足一定条件下进行动态调整。其次，规划通过整体风貌引导，改善人居环境，建设美丽乡村。

四、规划创新与特色

（一）促进城乡融合发展，探索城郊融合型村庄规划编制手法

本次规划跳出“就村庄论村庄”的思路，以城带乡，以乡促城。乡村为城区和道里经开区提供配套服务的空间载体和劳动力，满足城市对优质农产品、休闲旅游等需求，同时利用城市基础设施资源，完善村庄内的各项设施配套；城市为乡村提供技术、人才和信息等，加快乡村发展。最终形成城乡互补、工农互促、全面融合、共同繁荣的城乡融合发展关系。

（二）推进全域土地整治，建立保障国家粮食安全基础

树立“山水林田湖草生命共同体”的理念，尊重本底，生态治理，强化耕地保护。通过划定三条控制线对全域全要素进行管控。

（三）创新宅基地管理手段，破解宅基地管理难题

对村民宅基地进行双重管控，划定村庄规模控制线和单户宅基地控制线，提出管控要求。对超标准的宅基地，对超出部分的用地提出用途指引，可作为经营性用地、公共绿地、公共服务设施用地等。

（四）全要素空间落位，建立村庄信息化管理机制

通过规划数据信息和现状个人信息，精准落地、精细实施、精细管理。通过唯一 ID，将村民信息、建筑信息、农用地信息互相关联，建立村级信息化管理平台，培训村庄专门人员负责维护和管理，保障村庄规划。

参考文献

［1］黑龙江省甘南县兴隆乡兴鲜村村庄规划（2020-2035 年）［EB/OL］．［2023-05-19］．https：//mp. weixin. qq. com/s/LH9G-c8BhTkAJ3GRBPHEwQ.

［2］赵俊鹏．乡村振兴背景下特色田园乡村规划研究［D］．长春：东北师范大学，2020.

［3］哈尔滨市道里区榆树镇后榆村村庄规划（2020-2035 年）［EB/OL］．［2022-02-11］．https：//mp. weixin. qq. com/s/FCJhb7s56JhPctZxjyU0Hw.

第二节　云南省乡村规划案例

案例一：多规合一路径下的云南古茶山周边村庄规划实践
——以云南省邦东村为例

2020 年 9 月，云南省自然资源厅发布《云南省“多规合一”实用性村庄规划编制指南（试行）》，为全面推进云南省古茶树（园）资源保护，着力解决古茶山周边村庄规划缺失、无序建房等问题，以点带面为云南省多规合一实用性村庄规划工作做好探索和示范，云南省遴选普洱市、西双版纳州、临沧市等具有优质古茶资源的村庄共 47 个，作为云南省第一批“多规合一”实用性村庄规划试点。本案例选取临沧市临翔区邦东乡邦东村的村庄规划做详细介绍。

一、村庄概况

（一）茶山中的村庄

邦东村位于云南省临沧市临翔区邦东乡，背靠海拔高达 3429 米的邦东大雪山，位于雪山东麓阳坡之地。邦东村有茶山 14000 亩，古茶园 1300 亩。澜沧江边蒸腾而上的邦东云海要到中午 12 点后才能散去，能充分滋润茶树，属于典型的高山云雾出好茶的地方。

（二）制茶历史悠久

公元前 1066 年濮人便开始在此种茶，村域靠山（昔归忙麓山）望水（澜沧江），且三千多年的人类生活与种茶史，遗存了昔归团茶制作工艺、传统手工造纸、茶歌茶调等非物质文化遗产。

（三）面临主要问题

邦东村自然山水资源和历史文化资源极具优势，但缺乏统一规划，导致保护和发展不协调、不充分。主要体现为：发展的碎片化和无序化显著。逐年飙升的昔归茶价，让村民和村外茶商的盲目扩张，散乱的茶叶初制所随处可见，“两违”建设情况严峻，在破坏底线的同时产业发展也受到抑制。

规划缺乏统筹，多规冲突。村庄建设规划、特色小镇规划、土地利用规划，甚至底图底数均有矛盾，永久基本农田和茶园、古茶园冲突。“多规合一”迫在眉睫。

二、规划重点

（一）突出“一区域、一边界、一布局、一规则”

1. “一区域”——划定古茶园（山）保护区域

规划联合农业农村、林业草原等部门，以集中连片古茶树为核心，结合古茶山、古茶树认定标准及地理气候、自然条件、产品特性、历史传统等因素划定古茶山保护区域，制定针对昔归古茶树保护的措施和方法，规范保护区域生产生活、产业开发等活动。

2. “一边界”——科学划定村庄建设边界

结合村庄产业发展、设施配置和宅基地建设的用地需求，科学确定村庄建设用地布局，统筹划定建设用地边界。探索规划“留白”机制，保障村民居住、农村公共公益设施、零星分散的乡村文旅设施及农村新产业新业态等用地需求。

3. “一布局”——优化村域国土空间功能布局

结合村域发展定位、空间功能和管控要求，明确村域开发保护格局及其控制底线，优化调整村域空间布局，确定各类建设用地标准、规模及布局。

4. “一规则”——制定国土空间保护利用管制规则

采用“约束指标+分区准入”的管制方式，结合村庄未来发展和村民意愿，制定古茶资源保护、村庄建设、自然生态保护等管制规则，纳入村规民约。

（二）落实“好用、管用、实用”

自然村部分，重点落实规划“好用、管用、实用”，让村民看得懂，简洁直观、前图后则，能有效指导自然村建设和管控。

三、规划手法

（一）能用、管用、好用——一个新时期的试点村庄规划

新时期的村庄规划，自上而下对规划的性质、内容、目标等做出规定及要求。但在试点村庄规划的编制过程中，如何起到“示范”作用仍然是规划需考虑的重点，重点还是需要解决“能用、管用、好用”。本次规划在充分调查古茶山自身特征的基础上，统筹兼顾保护和发展两个视角，由宏观至微观，达到保护与发展的协调。规划除落实国家和省级层面相关政策要求的同时，还从“全域自然资源要素用途管制，推进‘放管服’改革，核发规划许可”，从管理事权的角度组织规划成果编制。在村域管控与发展层面，重点形成全域管控数据库，确定监管底线，核查建设用地边界，以求实现县区层面“好管”。在村域建设用地规划层面，重点确定建设项目落位、核查地块用途与开发强度，以求实现乡镇层面“能用”。在自然村（组）发展层面，重点落实宅基地建设区域与标准，建设风貌指引等内容，以求实现村委层面“实用”。

（二）四个“一”——一个多规融合的实用性村庄规划

规划融合临沧市古茶树保护条例实施办法、林地保护利用规划、澜沧江（临沧段）保护利用规划、土地利用总体规划、城乡总体规划、全域旅游发展规划、乡村振兴战略规划、茶产业发展规划、各自然村建设规划、昔归特色小镇规划等，真正做到全域一盘棋，实现邦东村一本规划、一个规则、一张蓝图干到底，解决现有各类规划自成体系、内容冲突、缺乏衔接等问题。

（三）村民主体——一个自下而上的共识性村庄规划

创新规划语言，村庄规划的应用者主要是村镇干部和村民，本次规划以“解决村民需求”为重点，自上而下传达政策导向，自下而上摸索村民需求，并在规划语言上，要让村民看得懂、听得明白。本次规划不仅制定了村民读本，并利用互联网平台，让心系家乡建设的打工人也可以通过线上扫码了解村庄的规划。将村庄规划的管控与引导纳入村规民约，强化规划实施的乡村治理效用。

（四）“茶+农+文+旅”——一个实现乡村产业振兴的村庄规划

保护利用好古茶山资源，结合上位规划，集中集约统筹安排茶产业发展空间，一二三产业联动，“茶+农+文+旅”统筹发展，制订项目计划，打破“两违”建设、产业碎片化无序化的现状，为乡村产业振兴提供科学的空间保障。

（五）项目建设——一个面向实施落地的村庄规划

自然村层面界定村庄建设边界，考虑包括住房、道路、水利、电力、能源、电信（数字基础设施）、景观绿化、给排水、公共服务设施、环卫设施、产业配套设施等各类建设。制订近期项目实施计划，对应资金筹措方案，力求保障古茶山的保护与周边村庄发展做到有序实施，解决村庄基本需求，真正做到“实用性”的规划。

四、结语

“多规合一”路径下的云南古茶山周边村庄规划实践通过线上、线下多渠道促进村民主体、开门规划，实现“纵向到底、横向到边，共谋、共建、共管、共评、共享”的工作路径，在编制、审查、公示、审批、备案和入库的全过程指导《云南省“多规合一”实用性村庄规划编制指南（试行）》的制定以及后续云南省“多规合一”试点村庄规划编制，同时助力云南省“干部规划家乡行动”方案的实施，有效指导了云南省古茶山周边村庄的保护和发展，落实云茶产业绿色发展的要求，对同类型村庄规划编制具有示范意义。

案例二：传统村落保护利用规划——以云南省红河州元阳县新街镇阿者科村为例

2018 年，为贯彻落实《中共中央　国务院关于实施乡村振兴战略的意见》，住房和城乡建设部下发了《关于开展引导和支持设计下乡工作的通知》，引导和支持规划、建筑、景观、市政、艺术设计、文化策划等领域设计人员下乡服务，大力提升乡村规划建设水平。近几年，各地积极组织开展设计下乡服务，形成了一批好的经验与做法。

阿者科，哈尼语意为滑竹成林的地方，寓意希望与茁壮，位于云南省红河哈尼彝族自治州元阳县，是为数不多至今保存完好的哈尼族村寨，于 2014 年被列入第三批中国传统村落名录，是世界文化遗产红河哈尼梯田遗产区 5 个申遗重点村落之一。村落坐落在哀牢山的半山腰，上面遍布着茂盛的原始森林，寨子由错落有致的传统民族建筑蘑菇房组成，云雾缭绕的村寨下是依山而下的梯田，展现着丰富的大地雕刻景观。寨神林、竹林、寨门、磨秋场、水碾房、水渠等传统格局展现了哈尼族人的独特文化，也体现了其人民敬畏自然、与自然相融共生的理念。

一、上下齐心，共谋乡村发展

“阿者科计划”得到了各级领导的支持。他们多次莅临阿者科调研指导，为干部群众讲解乡村旅游、脱贫攻坚政策，指导元阳破解乡村旅游困境，为

“阿者科计划”指明了方向，激励了元阳县抓好阿者科乡村旅游的勇气和决心。村内干群关系和睦，群众积极参与发展乡村旅游，为“阿者科计划”的实施提供了良好的群众基础。可以说，“阿者科计划”的成功实施是上下齐心、勇于探索、共谋发展、敢于作为的结果。

（一）保护民居，筑牢保护发展新基础

蘑菇顶是哈尼族民居的象征性符号，阿者科村拥有大规模的传统蘑菇房，传统民居造型独特、元素完整、代表性强，建筑风格风貌与村落文化内涵统一。为保护好传统村落，2013 年元阳县与昆明理工大学朱良文教授团队共同探索哈尼梯田遗产区传统民居的维护改造路径。朱良文教授团队通过大量调查研究，在阿者科村实施了哈尼族蘑菇房维护改造实验项目，从底层空间处理、室内功能布局、外立面风貌保护、蘑菇顶形式考究等方面提出了全新的维护改造设计方案，形成了一批可持续、可复制的传统民居维护改造理念、工艺和技术路线。为满足村内民居维护改造需求，技术团队常驻阿者科，并免费提供民居改造设计，用镜头记录维护改造过程，传承传统民居建设工艺，得到了群众认可、业界认同和游客好评。阿者科村蘑菇房维护改造实验项目，对传统蘑菇房的质量保护和价值体现提供了理论与实践相结合的技术支撑，在提高哈尼族同胞居住品质、改善生产生活环境等方面起到了极大的推动作用，为传统村落保护筑牢了坚实的发展基础。

（二）科学规划，打造精品村落

元阳县坚持“科学规划、适度开放、永续利用”的发展理念，合理规划，文旅融合，分步实施，整体推进，争创精品旅游项目，全面优化和提高了阿者科村的旅游业发展水平。2018 年 1 月，中山大学保继刚教授团队应元阳县人民政府邀请，到元阳开展“元阳哈尼梯田旅游区发展战略研究”调研与规划工作，并为阿者科村单独编制“阿者科计划”，科学确定了阿者科乡村旅游的目标：一是短期目标（2018~2020 年）：将阿者科原生态文化旅游村建设成为云南省民族文化旅游的标志性旅游村，全村基本实现旅游脱贫；二是中期目标

（2021~2025年）：将阿者科原生态文化旅游村建设成为中国著名的民族原生态文化旅游村，全村基本达到小康水平；三是长期目标（2026~2030年）：将阿者科原生态文化旅游村建设成为世界知名的原生态文化旅游村，达到精品旅游村水平，全村基本实现旅游致富。

（三）深入探索，建立长效合作

阿者科村实行内源式村集体企业主导的开发模式，组织村民成立旅游发展公司，公司组织村民整治村庄，经营旅游产业，公司收入归全村村民所有，村民对公司经营进行监管。中山大学保继刚教授团队派出技术人员，协同元阳县指派的青年干部，共同驻村领导村民成立阿者科旅游公司。按照“阿者科计划”分红规则，乡村旅游发展所得收入三成归村集体旅游公司，用于公司日常运营，七成归村民。归村民的分红再分四部分执行，即传统民居分红40%、梯田分红30%、居住分红20%、户籍分红10%。

（四）建立规矩，守住保护底线

为了保护千年古村落，留住心灵深处的乡愁，元阳县明确了阿者科村保护利用规则。一是“不租、不售、不破坏”。公司成立后不再允许村民出租、出售或者破坏传统民居，违者视为自动放弃公司分红权。二是不引进社会资本。公司不接受任何外来社会资本投入，孵育本地村民自主创业、就业。三是不放任本村农户无序经营。公司将对村内旅游经营业态实行总体规划与管理，严控商业化，力保村落原真性。四是不破坏传统风貌。公司所有旅游产品开发均要以传统村落保护为首要前提，恢复传统生产生活设施，主打预约式精品旅游接待，发展深度体验式旅游。

（五）合理定位，开发产品体系

元阳县围绕“赏田园风光、忆古村乡愁”的思路，坚持文化、旅游融合发展的理念，将阿者科村定位为文化旅游、大众游客基地。科学开发了活态文化、哈尼族传统祭祀、民族服饰、哈尼族婚俗表演、艺术营地、影视写真、红米酒品尝、哈尼族传统舞蹈、梯田捉鱼、泥雕体验、欢乐磨秋、野趣园等体验产品及活动。游客进入阿者科村，既能欣赏壮美的梯田风光，又能亲身体验哈尼族家庭的生产生活，唤起游客心灵深处的乡愁记忆，让游客真正享受到乡村旅游的快感。

（六）精准宣传，营造良好氛围

元阳县围绕“留住乡愁”做文章，认真解读乡愁在乡村振兴中的重要功能，充分运用现代宣传理念和技术，在网络、App 平台、新闻媒体上宣传阿者科村乡村旅游，大胆向游客展示千年古村落的纯真和宁静，宣传世世代代农民生产、生活的久远记忆。与多家影视基地寻求合作，电影《无问西东》在阿者科取景，电影中黄晓明饰演的角色带着章子怡饰演的角色回到的“家乡”就是阿者科村，通过影视作品的介入大幅度提高了阿者科的知名度和关注度，吸引了很多游客慕名而来。

二、先行先试，设计下乡成效显著

实践证明“阿者科计划”是设计下乡工作先行试点，是将乡村振兴、传统村落保护、文旅融合发展、农耕技艺传承“四位一体”同步推进、协调发展的重要举措，是脱贫攻坚的一种创新模式，是践行习近平总书记“绿水青山就是金山银山”发展理念的活样板。“阿者科计划”被确立为全球旅游减贫的一个中国解决方案，于 2019 年 10 月获评“教育部直属高校精准扶贫十大典型项目”，11 月入选“中国农业农村部 2019 年中国美丽休闲乡村”，12 月入选“中国少数民族特色村寨”；2020 年 6 月入选“全国第二批乡村旅游重点村推荐名单”。

（一）实现稳定增收，群众收入得到大幅增加

自 2019 年 2 月正式运营以来，阿者科村接待国内外游客 5.07 万人次，实现旅游总收入 132.24 万元，举行 5 次旅游发展分红大会，共计分红 63.95 万元，户均分红 9838 元。实践证明“阿者科计划”是成功的。

（二）增加就业岗位，群众参与度得到加强

发展乡村旅游以来，为建档立卡贫困户村民创造就业岗位 12 个，其中管

理人员1名、票务员5名、织布技师2名、清洁工4名。阿者科农户参与旅游接待的积极性与日俱增，2022年有4户农户通过公司指导，在村里经营餐馆，有两户农户通过培训在公司上岗。

（三）提升人居环境，旅游环境得到优化

公司成立后，在雇用村民常规打扫的同时，通过制定相关村规民约，引导村民积极做好门前“三包”，定期开展村内大扫除；规范游客行为，村内卫生环境有了很大的改观。此外，公司还顺利完成公厕改建、水渠疏通、房屋室内宜居化改造等工作，村内相比之前更加宜居，乡村旅游环境得到了大幅度改善。

（四）形成良性循环，传统村落得以保护

建立了健全的传统村落管护机制。邀请昆明理工大学教授实地调研阿者科传统村落，提出管护方案，对全村61栋蘑菇房进行集中修缮，实现挂牌管理。同时，为激励群众保护家园的热情，每栋蘑菇房每年给予900元的传统民居保护资金。

（五）丰富旅游产品，游客体验感明显增强

发展乡村旅游前，村内基本没有旅游接待设施，游客到村内仅能搞拍摄，难以更深入地体验哈尼文化和人文内涵。发展乡村旅游后，带动4家农家乐餐馆为游客提供服务和2户经营乡村小客栈。开设了一系列主题性体验活动，主要包括农事体验、织染布艺体验、野菜采摘、哈尼家访等活动。

案例三：乡村振兴背景下昆明市东川区阿旺镇木多村村庄规划

一、木多村基本情况

（一）村庄资源特征

木多村隶属于云南省昆明市东川区阿旺镇，距阿旺镇镇政府驻地20.4公里。村内辖15个自然村，属典型的高山气候，地势西高东低，海拔最高3400

米，最低1540米，高差较大。东川铁路与功东高速从村域东部穿过，但受地形影响，未与村内道路发生联系，对外交通较为不便。

木多村主要民族为彝族、汉族，是阿旺镇彝族文化的起源地，也是阿旺彝族人口最多的村庄，有着深厚的彝族文化底蕴。有羊毛衣服、麻线裙子、唢呐制作等彝族技艺；有火把节、斗牛节等彝族节庆活动；还有彝族银饰制作等省级非物质文化遗产传承。村域西北部为小海草山，植被覆盖率在90%以上，有独具特色的草山地貌，连片的草场、马英花、高山杜鹃、千层岩等，风景秀丽，有一定的旅游基础。农业产业基础较好，耕地占村域国土空间面积的34.44%，以玉米、洋芋种植为主，较高的海拔非常适合高山药材的种植。村域内林地资源广阔，面积占村域总国土面积的42.37%，茂密的林木也为发展林下经济创造了条件。

（二）现状及主要存在问题

在产业方面：第一产业以玉米、洋芋种植，猪、牛养殖为主；第二产业主要为外出务工，外出务工人口占劳动力人口数的75%，村内劳动力流失较严重。农产品加工业初步发展。有较好的民族文化资源和旅游观光资源，但尚未深入挖掘；第三产业发展起步较晚。地形及交通限制了资源融合，村内基础设施落后，对产业生产带动不足、农产品附加值不高。

在文化方面：彝族传统技艺挖掘不足，非遗技艺传承困难，农文旅联合不够紧密，文化与产业融合不足，村内文化活动室、斗牛场、球场等公共服务设施配置不齐全。

在生态方面：山高坡陡、立体分布；地广人稀、居住分散。村庄建筑风貌不统一，庭院景观缺乏规划，村内串户路未完全硬化，路面较窄，破损较为严重，受地形影响部分道路存在滑坡隐患，需增设挡墙。缺乏生活污水处理设施，生活污水随处排放，对环境污染较大。垃圾分类管控不严，回收利用率较低。部分公厕为旱厕，需提升改造。

在人才方面：人才流失现象突出，新型农民培养机制有待形成，高层次人才缺少，人才体系库尚未完善，农民综合素质有待提升。

在组织方面：基层党建组织仍需深化，缺乏组织学习场所，村庄治理公众参与度低，法治德治水平有待提升。

二、规划核心思路

（一）以问题为导向助力乡村振兴

在乡村振兴战略背景下，阿旺镇乡村迎来发展需求，各种建设项目都需要用地保障。如果严格按照上位规划实施，乡村地区发展往往会受到限制，比如有的村庄整村在生态红线范围内，无法进行建设；有的村庄想进行乡村旅游建设的地块，用地为非建设用地。针对此问题必须对国土空间布局进行优化调整。

木多村规划前期进行充分调研走访，摸清村庄现实存在的问题，了解居民关切重点，在“五大振兴”中，抓住每一个问题的关键和切入点，从而找到解决问题的“支点”，结合村庄自身特色和独特资源开展规划，不搞千篇一律、内容雷同的规划方案。逐步进行项目落地，切实解决问题，凸显村庄特色，实现乡村高质量振兴。

（二）尊重自然布局农村居民点

阿旺镇独特的地理环境造就了乡村生活空间布局分散，布局过于分散不利于公共服务设施及基础设施配套建设，但传统的集中配套建设又会对村民生产造成不便。因此，从木多村特色风貌塑造以及村民生产生活习惯来看，木多村生活空间布局适宜小规模、组团式模式。小规模聚居，就是本着尊重农民意愿、方便农民生产生活的原则，适度引导村民形成一定规模的聚居点；组团式布局，利用农田及自然资源，合理考虑农民生产生活半径，形成自然有机的组团形态。

（三）着眼项目落实编制近期项目库

为保证规划内容更加有效地推进落实，规划制订近期建设行动计划，安排近五年内的发展项目，并编制“近期重点项目表”，作为编制成果的近期实施策略。木多村为切实落实乡村振兴，从生态修复、土地整治、人居环境提升、基础设施和公共服务设施配置、历史文化保护、产业发展、人才培养、文化组织振兴几个方面整理实施项目，确定项目位置、用地规模，责任主体，实施时间，规划资金筹备计划，为规划的实施提供依据。

（四）厘清村庄发展条件、清晰村庄定位

根据村庄资源特征，结合上位规划及发展要求，确定木多村的总体定位为：阿旺彝族文化发源地、小海草山观光目的地、民族团结融合示范村、高山生态农业特色村。集高山中草药种植、生态农业、农产品初加工、民族文化体验、民俗旅游、手工艺品加工及展销、高山草甸观光等功能于一体的特色民族示范村。

结合现状产业发展基础，确定其未来产业发展方向为：以高山药材种植、生态立体农业、特色养殖业为主导，农产品初加工为辅，积极发展民族旅游为特色的产业发展方向。

三、规划的具体策略和措施

针对产业、文化、生态、人才、组织这五个方面总结出的问题，提出以下几点规划策略及具体措施：

（一）深入挖掘村庄特色资源，推动产业振兴

在做优做强现有主导产业的同时，深入挖掘木多村特色的彝族文化资源、小海草山观光资源、高山生态农业资源，升级改造农业的同时进行文化创意探索，打造文化旅游和休闲观光项目，促进三产融合发展。

进一步提升木多村第一产业、第二产业的经济效益，扩大云南参、魔芋、花椒、核桃、洋芋等特色农产品种植面积，增设核桃初加工厂房，新建高山药材创意加工基地，用于高山药材加工、科普、体验、销售。以期黑自然村为中心，联合周边大麻塘、火柱梁子、阿基足 3 个自然村，打造彝族文化体验区，

经营手工艺品展销，特色民宿，利用村内生态种养殖提供的绿色食品制作彝族美食等。依托小海草山，发展观光旅游，策划星空拍摄、露营、野外训练等项目。根据产业布局增加商服用地，配建旅游服务设施，维护提升村内主要道路，为产业发展提供运输保障。

（二）传承发展村庄文化资源，实现文化振兴

在规划中，注重对村庄乡土文化、民族文化、历史风貌及非物质文化等资源的保护，合理利用文化资源，将其有机融合于空间营造及文化活态传承中，丰富公共空间文化内涵，同时使传统技艺、节庆习俗等非物质文化得以传承沿袭。

依托彝族传统节日如火把节、斗牛节等开展节日主题旅游，在村内新增斗牛场、文化活动广场。培养唢呐演奏、银饰制作、传统手工服饰制作等传统技艺传承人，在保证传统文化传承的同时也可用于表演、销售，增加村民收入。完善村内幼儿园、文化活动广场、球场、文化室、公墓等公共服务设施配置，培养村民养成健康生活方式，加强农村精神文化建设。

（三）提升改造村庄风貌品质，促进生态振兴

处理好产业与生态的关系，形成绿色的生产方式和产业结构，同时加大力度整治乡村人居环境，形成绿色生活方式，打造全域整洁有序、水清地绿天蓝的村寨风貌、生产生活生态深度融合的生态村庄。

工矿用地修复。恢复村内废弃采砂场、采石场 1.67 公顷，恢复为生态用地。

加强生态保护。加强农村饮用水水源保护，推进林草资源保护，守住森林资源红线。

民居建设指引。规划对村庄新建、改建、修缮民居的建筑体量、屋顶、立面装饰材料、门窗、色彩、围墙等方面都作出了引导，确保村庄的风貌统一协调。

环境卫生整治。提升改造 3 处旱厕为水冲式公厕，新建 11 处水冲式公厕。

在15个自然村各配置1个垃圾房，垃圾统一转运至乡镇处理。村内宅前屋后种植绿化树种，美化村内环境。在村域东南角新建小二型水库一座，各自然村新建或改造高位水池，敷设给水管网。在村内增加盖板排水沟，新建一体化污水处理设施15个。疏通串户路，确保居民入户顺畅。

防灾减灾规划。沿村内主要道路按间距不大于60米设置市政消火栓，各村庄内高位水池应考虑消防储水容积并有保障消防储水量的措施，条件不允许的情况下，各家各户需统一配备灭火器或在各自然村增设1~2处微型消防站。按临时避难人均面积1平方米、短期避难人均面积2平方米的标准给各自然村配置避难场地。

（四）打造创新创业平台，推进人才振兴

产业兴旺、生态宜居、乡风文明、治理有效、生活富裕，每一个方面，都离不开人才的重要作用。坚持以人为中心的发展，培育新农人，建设人才培养基地，提升农民综合素质。同时建立健全激励机制，增强乡村对人才的吸引力、向心力、凝聚力，鼓励社会人才投身乡村建设，用好多元人才，激活乡村发展活力。

在村“两委”班子成员长期培养年轻化、专业化干部队伍建设，有针对性地培养一批农业、医疗、科技创新人才。为扩展农产品销售渠道，增设电商销售中心，并培养相应电商人才。

（五）加强党建引领，落实组织振兴

组织振兴与产业、人才、文化、生态振兴息息相关，“组织+产业”促进产业兴旺发达；“组织+人才”促进人才安家落户；“组织+文化”促进文化繁荣兴盛；“组织+生态”促进生态和谐宜居。建强基层党组织，发挥基层党组织“火车头”作用，以党组织建设引领村庄产业发展，推动乡村振兴各项工作，有效组织群众，积极依靠群众，在村庄治理中加大公众参与力度，不断增强基层党组织的组织力、凝聚力、号召力，保证乡村振兴健康稳步推进。

在木多村的规划中，规划在村委会新建一个党员讲习室、党史政策学习资料室、群众工作室，各自然村依据公共服务设施配置标准配置活动室，开展日常党建活动。在日常生活中，严格党的组织生活，推进“两学一做”学习教育常态化制度化，突出“党建促脱贫攻坚”和“党建促乡村振兴”两大任务，压实责任，将抓党建促脱贫攻坚、促乡村振兴作为村党组织评价标准，加强党风廉政建设，建立村级清单制度，严肃查处发生在涉农资金方面的违纪违法问题。

参考文献

[1] 孙美静，奈良杰．多规合一路径下的云南古茶山周边村庄规划实践——以云南省邦东村为例［EB/OL］．［2023-05-17］．https：//mp. weixin. qq. com/s/gEoB2APGn2iuG_ Cg5jVhyg.

[2] 梯田间云上原始古村——云南省红河州元阳县新街镇阿者科村传统村落保护利用［J］．城乡建设，2023（02）：72-73.

[3] 归璞农旅．乡村振兴战略背景下的村庄规划策略探析——阿旺镇木多村［EB/OL］．［2023-04-10］．https：//mp. weixin. qq. com/s/aj-WNkWG-FsoBQL-R_ df3Gg.

案例四：云南省花卉示范园区“十三五”规划（2016-2020 年）

“十三五”期间（2016~2020 年），是园区抢抓滇中新区建设机遇的黄金时期，也是落实嵩明县委提出的“一主五新”经济发展思路，加快农业发展，促进农业由传统向现代转变的关键时期。按照《云南桥头堡滇中产业聚集区发展规划（2014-2020 年）》、《中共云南省委 云南省人民政府关于全面深化改革扎实推进高原特色农业现代化的意见》（云发〔2014〕11 号）、《嵩明县国民经济和社会发展第十三个五年规划纲要》提出的发展任务和目标，编制本规划。

一、指导思想、原则和发展目标

（一）指导思想

以科学发展观为指导，深入贯彻党的十八大、党的十八届三中全会、党的十八届四中全会和省委第九次党代会精神，以转变农业发展方式为主线，以发展高效农业为抓手，以促进农民增收为目标，用现代经营方式推进农业，用现代发展理念引领农业，用培养新型农民发展农业，着力突破瓶颈制约，通过科技创新，打造品牌，搭建平台、建设基地，建设集中展示云南特色农业的平台，使园区走上可持续发展道路，成为云南现代农业重要的展示、示范和引领的窗口，成为现代农业产城融合和现代农业商贸物流重要的示范区，促使园区成为引领高原特色农业发展的引擎和促进城乡一体化发展的典范。

（二）基本原则

1. 坚持城乡一体，园城共建的原则

坚持把园区建设与城市开发、农村居民与城镇居民作为一个整体，以示范园建设带动城市建设。统筹谋划、综合研究，通过体制改革和政策调整，实现在政策上的平等、产业发展上的互补，使整个园区全面、协调、可持续发展，实现“建园即建城”的目标。

2. 坚持因地制宜、体现地域特色的原则

云南地形地貌复杂，具备各类不同气候类型，是“立体农业”发展的最优选择地。依托示范园建设，根据当地实情，搭建特色农业展示平台，展示云南农业的多样性。

3. 坚持科学布局、典型示范的原则

因地制宜采取不同的模式，优先改造建设潜力大、配套建设容易、带动能力强的功能区块，实现典型引路，积极稳妥地推进现代农业示范工程工作。

4. 坚持集中连片、规模开发的原则

坚持按整体规划，采取“集中力量，重点投入，连片开发”的方式，加

大规模治理力度，成效一片，致富一方。

5. 坚持政府主导、企业主体、农民参与的原则

充分发挥政府在组织实施现代农业示范工程中的主导作用，利用优惠的农业政策，吸引大型农业企业入驻，同步带动农民群众自觉参与，最终形成政府主导、企业主体、农民参与的发展态势。

（三）发展目标

1. 总体目标

按照“东扩、北进、南拓、西连”的思路进行统筹开发建设。“东扩”主要依托山体水体林地，发展6000余亩以现代农业观光、休闲、体验、展示为重点的现代都市农业旅游片区；“北进”主要充分利用老机场周边旱地，结合解决这一区域输电线路较多发展空间受限、上游水库水源保护区环保限制的问题，重点规划建设泛亚农机交易市场、汽车销售储运中心；“南拓”主要利用昆曲路、嵩待路便利的交通，建设泛亚农产品物流园区；“西连”主要依托2814项目和蛇山天然林地资源上游水库水资源，借势县城主城，打造现代农业生态新城。

2. 具体目标

（1）科技创新目标。

一是实现园区科技集成创新。建成科技集成创新的平台、基地和分区，实现园区的农业科技研发、生产、孵化培育、示范、休闲观光、生态等一系列功能。

二是建立人才和企业培养机制。培养和吸引一批优秀人才，建立技术培训与技术服务网络体系，提高园区发展的软支撑和驱动力；培育一批具有国际竞争力的龙头企业；培育和孵化一批具有国际竞争力的科技型农业产业集群。

三是培育农产品科技转化和生产能力。转化和推广一批农业和食品加工业科技成果，培育新的经济增长点。实现粮食、常年蔬菜播种面积稳定；粮食、蔬菜等主要农产品产量，肉牛、肉羊、生猪和家禽出栏量，肉奶总产量逐年提高。

（2）产业发展和带动区域农业发展目标。

一是推进传统主导产业催生现代农业新兴业态。通过园区花卉、蔬菜两大主导产业的示范，逐步过渡到包括花卉、蔬菜、农产品加工、农业现代物流四个主导产业，现代种业、生态观光农业两个特色产业的“空港次区域农业”“陆港农业”“都市农业”等新兴业态。不断调整农业产业结构和发展方式，大幅提升农业产业效益。

二是带动园区及周边地区农业结构调整和产业升级。提高农业的运行质量和效益，达到“核心区—示范区—辐射区”联动，为我国西南地区的现代农业发展提供示范。

三是实现现代农业投融资市场化运作。基于园区成立的云南嵩明现代农业产业发展投资有限公司，搭建投融资平台，通过政府注资，并吸纳相关资金和国有资产评估作为资本金，对园区内现代农业开发、重大农业项目配套设施建设、土地一级开发、水资源的开发利用、农综开发、城乡供水（含农村安全饮水）经营管理、对农业企业投资开发、产权并购及转让进行融资和参股经营等项目实现投融资市场化运作。

四是提高农业资源利用与生态环境保护水平。发展低消耗、低污染、高效率的农业生态经济产业，促进生态环境良好并不断趋向高水平的平衡，农业面源环境污染基本消除，自然资源特别是土地资源得到有效保护和合理利用，农作物秸秆、畜禽养殖粪便资源化得到有效利用。

二、资源状况

园区具体位于云南省嵩明县城东北部，在小街镇境内，西接县城蛇山森林公园，北至马场村，东至敦白、保旺村，南至嵩四公路。

（一）气候方面

园区气候属北亚热带季风气候，夏无酷暑，冬无严寒，四季如春，所在地海拔高度 1900~1920 米，多年平均气温 14℃左右，极端最高气温 35.7℃，极端最低气温-15.9℃，多年平均无霜期 232 天，年平均降雨量 1000~1400 毫米，多年平均风速 3.1 米/秒。

（二）水文条件方面

园区规划范围外有一上游水库，位于地块的西北角，库容 2350 万立方米。规划范围内主要水体包括清水塘水库、腰子塘水库、2814 渔场和东干渠。其中，清水塘水路库容 50 万立方米，水域面积 17 公顷；腰子塘水库库容 30 万立方米，水域面积 14.6 公顷。园区内有主要灌溉水渠——东干渠。东干渠是一条人工开挖的季节性沟渠，平时为干枯河流，其主要在耕作季节由上游水库放水，为农田提供灌溉用水，东干渠为上游水库的下泄水补充，上游水库水质较好，其水质可达《农田灌溉水质标准》（GB 5084—92）水体标准要求。

（三）交通方面

园区地处昆曲高速公路、嵩待高速公路和昆嵩高速公路交叉口，与嵩明县城相连。示范园距昆明市区约 60 公里，距昆明新机场约 30 公里，距规划中的昆明新南站约 25 公里。位于昆明国际机场“15 分钟经济圈”、昆明主城“30 分钟经济圈内”，交通条件便捷。

（四）用地方面

园区地势平坦、土地类型多样，多为农业用地，设施农业用地共约 243 公顷；水域面积约 207 公顷。有若干水域用地和村庄。目前 3 条高速公路“T”形汇集，并分割整体地块成独立的三大片区。

三、发展基础

（一）基础设施条件良好

园区高度重视基础设施建设，积极围绕成熟项目配套基础设施，确保招商引资项目落地与基础设施建设同步推进，先后完成了园区 2 号道路、3 号、4 号、5 号、6 号、7 号机耕道路及供水、老夯河改造、供电、绿化工程等基础设施建设，有线电视光缆迁改工程、电信光缆迁改工程完成并投入使用。

（二）品牌资源优势明显

2010 年被认定为昆明市重点农业园区，2011 年被评为云南省农业科技示范园区、云花外贸发展综合性基地。2012 年被农业部认定为“国家现代农业示范区”。2013 年，首届中国—南亚博览会在园区设立分会场（都市精品农业和花卉展示园区），进行龙头企业的现代科技农业展示、都市精品农庄展示、国际花卉产业园区展示，极大地提升了园区的知名度。2014 年云南农村干部学院在园区设立了体验教学基地，开展干部现场教育培训。

（三）产业集聚优势凸显

已有美国博尔、荷兰安祖、英国太古、韩国瑞仁等 30 家国内外知名企业入驻，年产值达 4 亿元，年贸易出口额 4000 万美元，初步形成了以科技孵化、无土栽培等新技术研发为先导，以种子、种苗、种球为主体，以鲜切花、盆花、干花为补充的现代农业高科技示范园区。拥有具有自主知识产权的花卉新品种近 200 个，新品种、生产工艺、设备专利共 161 项。年产大花卉兰 400 万盆，红掌 180 万盆，洋桔梗、康乃馨等切花 1.7 亿枝。

（四）辐射带动效果显著

花卉、蔬菜无土栽培和漂浮育苗技术已推广到曲靖市、文山州等滇东北地区，推广面积达 1 万亩，产生了良好的经济效益；园区对周边农村辐射带动能力不断提高，转移附近 8 公里范围内农村剩余劳动力 4000 余人，每年新增农民收入 5000 多万元。

（五）入园企业推动园区市场化运作格局形成

入园的虹之华先后与荷兰菲迪斯（FIDES）公司、日本精兴园、岩田农园、丰幸园、南京农业大学园艺学院建立花卉栽培和新品种选育战略联盟，培育具有自主知识产权新品种 22 个，并储备了大量的花卉品种资源和优良的育种中间材料，在全国企业植物品种权申请量花卉行业中排名第四位，形成世界高级菊花产品科技研发人才在园区的柔性工作局面。入园的晨农集团嵩明晨农精品农业科技示范园建设，通过以商建园、招商代理的方式，在园区内形成一个农业科技园中园，将建设集冷链物流、精深加工、种植示范、旅游观光、餐饮娱乐、农业体验于一体的现代农业产业集群。入园的云南西藻生物技术有限公司拟在园区建设云南微藻规模化产业链开发项目，以雨生红球藻产业繁荣基地及系列产品推广为核心，基于企业自身竞争优势，通过产业链二级招商方式创新，与其他企业通过专业分工、服务外包、订单生产等多种方式开展合作，推动优势资源以产业链项目向园区集聚。正在形成入园企业推动园区市场化运作的格局。

（六）创新性农业投融资市场化运营

园区积极探索，创新投融资机制，成立了国资的云南嵩明现代农业产业发展投资有限公司，主要吸纳相关国有资产作为资本金，引导和集聚信贷资金和社会资金投入园区农业产业化项目建设，为园区农业产业化龙头企业提供信贷担保服务，投资现代农业建设相关重大（基础设施）项目。

四、主要任务

“十三五”期间，围绕园区主导产业和特色产业发展，主要涉及产业发展平台、现代服务业、高效生态农业等方面，通过推进一批带动能力强、技术含量高、成长前景好的产业类项目，建成一批促进作用大、保障水平高、集聚能力强的基础设施项目，以大项目建设为载体，推动园区的快速发展。规划期内争取完成投资总额约 35 亿元。园区主要建设任务项目如下：

（一）基础设施类

1. 园区南北主干线（小小公路）工程建设，总投资 3000 万元

南北主干线在现有宽度约为 12 米的小小公路上扩建，与现有嵩待高速公路平行，南边接嵩明县小街镇，下穿昆曲高速公路，北面出园区后与嵩明县至寻甸县省道相交。

该道路为贯穿园区核心区和示范区的交通主道，红线宽度控制在 30 米，

其中机动车路面宽 18 米，两侧各设置 3 米步行道，道路两侧种植行道树，行道树种植宽度预留 2 米，中间绿化隔离带宽度为 2 米。

该干线为园区对外交通十字纵向中轴，工程完工后，可以将园区核心区和示范区进行紧密连接，并可以将园区北、南两个方向的辐射基地进行连接，促进原料的流通。

2. 园区东西主干线（玉明路）工程建设，总投资 2000 万元

园区东西主干线在现有宽度约为 60 米的玉明路上扩建，处于示范园中间，昆曲高速和曲嵩高速北侧。玉明路向西可达嵩阳，向东可达曲靖。该道路为分割园区核心区和示范区的交通主道，红线宽度控制在 30 米，其中机动车路面宽 18 米，两侧各设置 3 米步行道，道路两侧种植行道树，行道树种植宽度预留 2 米，中间绿化隔离带宽度为 2 米。

该干线为园区对外交通十字横轴，工程完工后，一方面可以将园区核心区和示范区进行区域分离，便于行政管理并保证园区的生产不受外来干预，同时，可以通过以园区小街和嵩明两个出入口进入昆曲高速公路，实现产品的快速物流。

3. 规划一号路建设工程：总投资 1000 万元

规划一号路为园区西外围主干道，沿园区西侧布置，北端接入园区嵩明的街道，南端进入小街镇，此规划路为园区纵向西侧主干道，红线宽度控制在 30 米，其中机动车路面宽 18 米，两侧各设置 3 米步行道，道路两侧种植行道树，行道树种植宽度预留 2 米，中间绿化隔离带宽度为 2 米。该干线除了作为园区的交通主干道外，也是园区与外界的分割线。

4. 规划二号路建设工程：总投资 900 万元

规划二号路为园区东外围主干道，沿园区西侧布置，北端接入园区南北主干线（小小路），南端进入小街镇，此规划路为园区纵向东侧主干道，红线宽度控制在 30 米，其中机动车路面宽 18 米，两侧各设置 3 米步行道，道路两侧种植行道树，行道树种植宽度预留 2 米，中间绿化隔离带宽度为 2 米。该干线

除了作为园区的交通主干道外，也是园区与外界的分割线。

5. 规划环形三号路：1400 万元

规划环形三号路从精深加工区的南北主干线（小小公路）南端出发，南北向穿过精品农业展示区、农业科技展示区、种质资源展示区中部，与南北主干线（小小公路）南端相交，然后以弧形转向特色林果区、旅游度假区、生态观光区、精品花卉区和科技研发区中部，进入中央商务区，再往南与南北主干线（小小公路）平行进入小街镇。红线宽度控制在 21 米，其中车行路面宽 15 米，道路两侧种行道树，行道树种植宽度预留 3 米。规划环形三号路主要用于骨架串联各大功能区并连接主干道。

6. 规划支路：400 万元

规划支路则为各功能区内部组织交通。支路是保证示范园生产联系、农业机械运输所必需的道路，根据入园企业的相关要求进行调整，道路宽度控制在 15 米以内，路面 9 米宽，两侧绿化分隔带 3 米宽，路面高程按自然地势，路面两侧按 1%的坡度微倾斜，以利雨天排水。

7. 园区供水工程：1100 万元

示范园采用分质供水。园区南部建设用地水源取自城市供水管网；园区户外种植选用邻近地表水系；规划地块的地下水丰富，沿路新打机井，温室、大棚以及部分灌溉要求较高区域水源取自机井。园区供水管网采用树状网，干网管径为 DN300 毫米，支网管径为 DN200 毫米。

规划示范园内给水管网为生活、消防合用管网，布置在道路人行道的东、南侧，管径大于等于 DN300 毫米采用球墨铸铁给水管，管径小于 DN300 毫米采用给水用 HDPE 管材，埋深为 0.6~1.0 米。农业灌溉水渠系统在尊重和整合现状水渠分布系统的基础上，沿路设置水渠和机井，采用明沟盖板形式，为园区农业灌溉用水。

8. 园区排水工程：800 万元

园区主要采用雨污分流制，农业种植区雨水就近排进附近水库或者东干渠，配套居住、商贸办公区域雨水收集后排入东干渠，污水收集后进入城市污水处理系统，最终汇入小街污水处理厂。

9. 园区电力工程：2400 万元

以园区西部现有 35 千伏变电站为基础，引入电力线路。园区内设置 3 座 10 千伏开闭所，分别位于北部精品花卉展示区、西南部商务区和东南部物流加工仓储区。电力线路一律沿道路东、南侧采用地下敷设方式，位于人行道或绿化带下，埋深 0.6~0.8 米，采用直埋敷设。主要道路敷设 8~12 孔电缆排管；其他道路规划 4~6 孔电缆排管，预留电网调度通信管道 2 孔。

（二）科技创新类

1. 云南省农业科学院嵩明现代农业科研实验基地：4.2 亿元

以品种选育、良种繁育、技术创新、示范、成果转化为核心，通过该基地的建设将有利于充分发挥云南省农科院人才和技术优势引领全省现代农业发展，促进云南种业的发展和面向西南“桥头堡”战略的实施，更好地为“三农”工作服务。项目总用地 668.34 亩，分别建设六大功能区：现代农业科技综合服务区、新品种新技术成果集成展示区、新品种新技术大田研发实验区、农业生物资源保存区、农业新品种产权保护及标准检测技术研究区、新品种新技术设施研发实验区。

2. 公共科研平台：5000 万元

新建综合性科研楼，推动科技成果的快速转化，提升基地的核心竞争力。重点集合已有的云南省花卉育种重点实验室、崔敏龙专家工作站、国家林业和草原局月季测试站等科研机构，引入云南省农科院下属研究所，国内外的科研机构进入园区，共建院士专家工作站，建立服务于园区的公共科研平台。

3. 公共信息平台：500 万元

充分利用互联网等快捷的技术手段，建立立足云南、面向全国、辐射亚洲的公共信息与服务平台，为园区内企业的产品供销、新品推介、出口贸易等提供信息服务。作为基地的重要展示和宣传的窗口，逐步为各属性访客提供更多

更详细的分类信息，从而实现园区生产企业知名度和销售的大幅提升。通过公共信息平台的建立，将成为对外宣传的重要窗口。

（三）产业带动类项目

1. 云南万润泛亚高原农产品采购中心项目：16亿元

引进万润现代农产品物流有限公司、昆明四川内江商会、昆明金荣市场管理公司等企业，组建大型农产品交易、仓储、运输、期货交易标准化交易区，使其成为沟通分散农户与市场的桥梁，成为连接周边地区农副产品的流通枢纽。建设与农产品流通相配套，为农产品交易服务的电子商务平台、资金结算中心和检验检测中心，将先进的农产品信息采集发布系统、电子统一结算方式和农产品批发市场检验检测系统引入项目区，建立现代化、高效率、人性化的流通市场。项目占地面积1000亩。

2. 农产品物流中心建设项目：3.5亿元

引进相关企业，依托现有200亩建设用地，建设以花卉保鲜、蔬菜冷藏为主的物流园区。项目计划在“十三五”期间启动或部分建成。

3. 高上高现代都市农庄：1亿元

集有机养殖、有机种植、有机食品加工为一体的现代生态型都市农庄，结合当地自然风光和农业风光，建设天然氧吧漫步休闲区、环水景观食宿区、多功能运动休闲区，打造集“科研—规范化种植养殖—初加工—深加工—系列产品”等产业链关键环节的科研、试验、示范、推广基地。项目占地面积300亩。

4. 云南微藻规模化产业链开发项目：2亿元

从养殖到加工形成完整产业链，年产微藻干粉原料产品20吨，深加工产品（微藻提取物）8吨，食品、化妆瓶、保健品等终端产品约160万瓶，能满足约15万消费人次。产品销售收入22700万元，毛利1400万元，产业链总产值约26亿元；实现利税3000万元以上，创造区域就业人员500人以上。项目占地面积200亩（其中一期66.5亩）。

五、产业布局

（一）产业布局规划及其示意图

园区建设初期以花卉、蔬菜两大产业为主，形成竞争优势，重点围绕云南高原特色农业的发展方向和桥头堡建设的区位优势，以延伸产业链为主要目标，最终形成园区独具特色的花卉、蔬菜、农产品加工、农业现代物流四大主导产业，现代种业、生态观光农业两个特色产业。

六大产业规划和布局如图 7-1 所示。

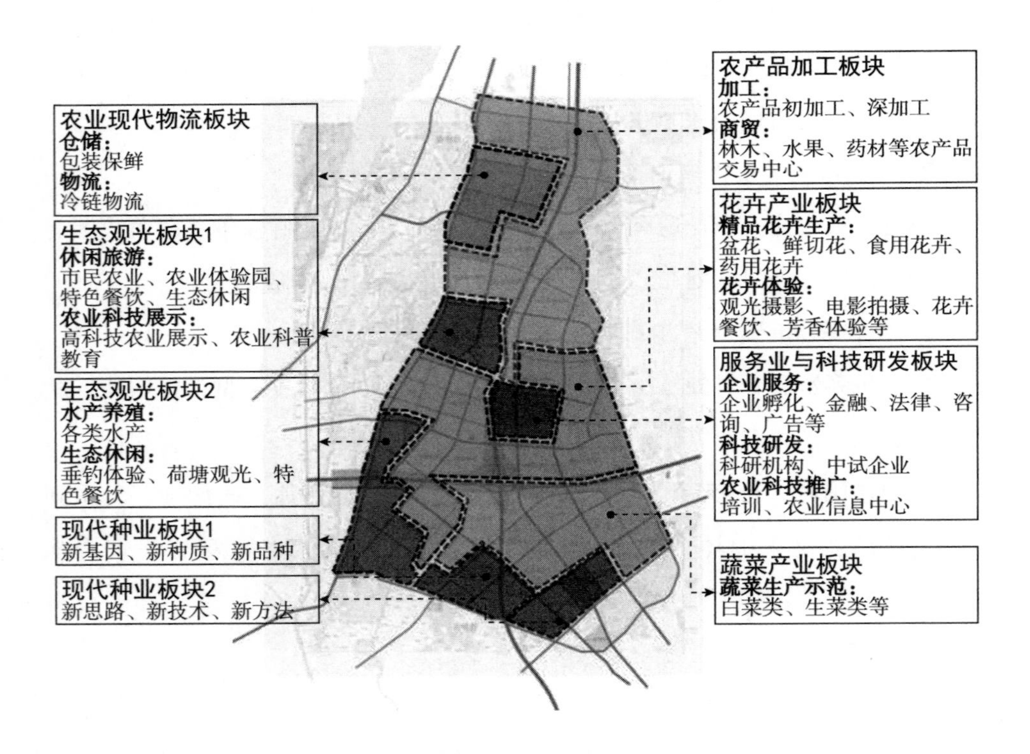

图 7-1　园区产业规划布局图

（二）核心区示范区布局及其示意图

园区整体分为核心区和示范区两个分区，具体如图 7-2 所示。

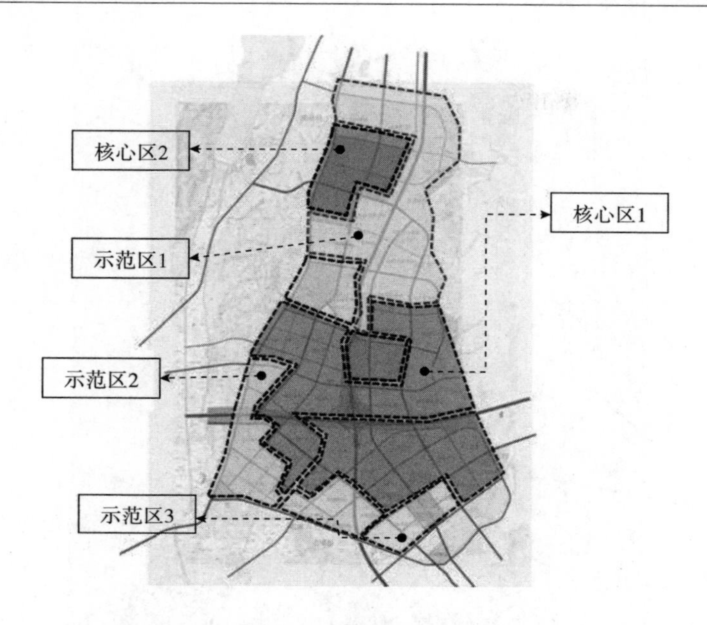

图 7-2 园区核心区和示范区分区示意图

核心区包括两部分。第一部分是企业服务中心、农业高新科技研发展示中心、精品花卉及展示区、特色蔬菜区，共 1148. 8 公顷。第二部分是物流仓储区、农产品商贸物流区，共 210. 4 公顷。

示范区包括三部分。第一部分是特色农产品加工区、农业科技展示观光中心、农产品商贸中心。第二部分是都市临水经济观光区。第三部分是新基因—新种质—新品种选育中心、新思路—新技术—新方法推广中心。

（三）核心区功能分区描述及其示意图

核心区包括处于园区中下部分的企业服务中心 21. 4 公顷，农业高新科技研发展示中心 61. 6 公顷，精品花卉和展示区 618. 8 公顷，特色蔬菜种植区 446. 9 公顷；处于园区西北部的物流仓储区 153. 3 公顷，农产品商贸物流区 57. 1 公顷，具体如图 7-3 所示。

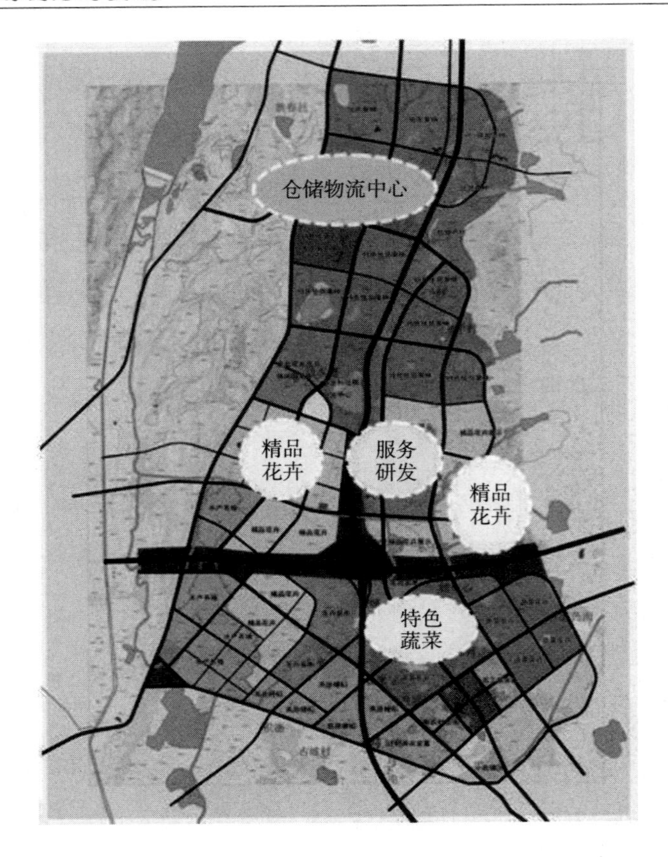

图 7-3　园区核心区功能分区示意图

农业高新科技研发展示中心包括农业科技孵化中心、科技培训中心、产后研发中心。科技孵化中心主要开展农业科技研发以及成果转化；科技培训中心重点培训农业科技人才，强化农业科技队伍建设，培训当地农民，为园区内现代农业技术向周边辐射做好准备；产后研发中心主要开展农业成品加工技术改进、品牌塑造、配送流程改善等。

精品花卉和展示区主要为观赏价值较高的草本植物或木本植物，如玫瑰、百合、康乃馨、非洲菊、满天星、黄莺等花卉研发与生产区域。目前，世界知名花卉公司有荷兰安祖公司，英国太古公司，日本河野教大公司，韩国的美山、瑞仁、金兰、金花公司，中国的虹之华等多家花卉生产企业，中国五大花卉测试站之一的国家林业和草原局月季测试站已入驻。

特色蔬菜种植区主要布置智能温室、钢构大棚、一般大棚，内部集中展示温控技术、微灌技术、立体栽培等现代农业前沿技术。景观设计主要集中于智能温室内部，结合农业尖端技术，设计热带雨林、沙漠风情、田园揽青等节点。地块内加大温室反季节蔬菜生产，加快温棚瓜菜生产的产业化发展，大力发展设施农业，提高设施农业经济效益。其建设项目包括有机无土栽培基地、特色蔬菜栽培基地、野生蔬菜栽培基地和食用菌栽培基地，具体选择可依据市场经济效益和观赏价值。

仓储物流区主要为农产品物流配送。该区域衔接规划范围外南部物流功能区，将农产品加工成品直接配送。地块大且工整，内部包括仓库、停车场等，交通与其他地块联系少，其独立运作对周围功能区块几乎没有影响。

核心区已具备部分休闲观光功能，将为示范区建设做铺垫。

六、保障措施

（一）创新机构入驻扶持与奖励细化

对入园企业和机构给予扶持与奖励：

1. 企业入驻

对国内外知名科技型企业或战略性新兴产业领军企业入驻设立总部或区域总部的，实行“一企一策”“一事一议”，对企业达到相应投资强度和进度的，可视情况给予奖励，对企业的技术领军人才，按其当年在本地缴纳个人所得税的一定比例，给予住房和生活补助。初创期优秀科技型中小企业，经认定符合条件的，给予 10 万元的培育补助资金。成长期和壮大期的科技型中小企业，支持其承担政府重大科技计划项目，支持上市培育工作，根据不同阶段给予相应的经费补助。

2. 投资机构入驻

对投资科技型中小企业，经认定按实际完成投资额的 10%给予投资风险补偿，单笔最高可达100万元，对同一企业投资获补偿最高达200万元，一家创业投资机构每年获得的补偿金额可达500万元。对新设立注册资金5000万元以上且带动社会资金在云南省投资规模达2亿元以上的，给予一次性开办费补贴最高达50万元。

3. 研发机构入驻

入驻高水平研发机构，符合条件的，前3年按其新增研发设备实际投入金额的30%给予资金补助，累计最高达500万元。入驻高水平研发机构属研发机构总部的，符合条件的，对其自建、购买或租用办公用房，按照每平方米1000元的标准给予一次性补助或3年租金补助，最高达500万元。经国家有关部门批准新认定的国家重点实验室，一次性给予500万元的研发补助。经国家有关部门批准新认定的国家工程（技术）研究中心、企业技术中心、工程实验室，分别一次性给予300万元的研发补助。用地可按科研用地用途供应。

（二）实施招商代理，鼓励全社会参与园区招商

鼓励单位和个人参与园区内外资引进工作，引进现金投资的，按照投资实际到位总额分比例奖励。其中，引进投资50万美元以内（含50万美元）的，按照资金总额的3%奖励；超过50万美元不足100万美元的，其超过部分按照超过额的2.5%奖励；超过100万美元不足300万美元的，其超过部分按照超过额的2%奖励；超过300万美元不足500万美元的，其超过部分按照超过额的1.5%奖励；超过500万美元的部分，其超过部分按照超过额的1%奖励。引进实物和无形资产的，经合法的评估机构评估后，按照评估折合的现金总额依照前款规定进行奖励。农业综合开发、中低产田改造、农机示范推广、生态农业示范、标准化生产示范、无公害农产品基地基建、品种引进改良、农业科技推广等相关项目，均优先安排在园区内实施。

严格执行国家、云南省、昆明市关于农业园区建设的有关税收优惠政策，具体参照国家、云南省、昆明市关于免征营业税、企业所得税、土地增值税等税种的规定执行。

积极鼓励外商投资，对在园区内建设经营的外资企业暂不征收“三税”（增值税、营业税、消费税），征收的城建税、教育费附加和地方教育附加，以及其他与内资企业适用相同税法的税种可享受相应的优惠政策。

凡在园区内新办的固定资产投资200万元以上的农业企业，均享受税收优惠政策，实行“五免五减半”（即企业实际缴纳的增值税和所得税地方留成部分前五年由市、县财政奖励返还，后五年减半奖励返还）。

园区内的高新技术企业，经省科技主管部门批准后，可享受云南省高新技术企业的有关优惠政策。优先支持园区农业技术的引进、消化、吸收和创新，将园区的技术合作与交流作为政府重点科技合作计划和农业技术引进计划的重点。

园区建立创业孵化基金，引导支持科技人员在园区内兼职创业，支持鼓励农民就地创业，支持鼓励留学归国人员、大中专毕业生到园区开拓创业。

划入园区的农用地，在不改变用途的前提下，可由农村集体经济组织以土地承包经营权、农村集体林权流转的办法调整农用地土地使用权；用途需要相互调整的，可按农业结构调整相关要求办理。园区内经确权的集体建设用地使用地，在符合建设规划的前提下，可由农村集体经济组织以集体建设用地使用权入股、合作经营等提供土地。

（三）土地使用权流转

根据农业科技园区发展实际和农业产业化经营的要求，在农民自愿的基础上，按照“明确所有权，稳定承包权，搞活使用权，强化经营权”的原则，通过出租、反包、倒包和拍卖“四荒”等有效形式，促进土地资源的合理流动，使土地向种田能手、科技能手集中，扩大农业生产经营规模，实现土地资源的优化配置。在平等协商、自愿有偿的前提下，鼓励土地经营权流转。农村土地经营权可以依法转让、转包、入股、互换、租赁、抵押等，通过流转取得的土地经营权可以再流转，也可以继承。

（四）全社会共同参与

逐步建立以政府投入为引导，全社会各方面力量共同参与的多渠道、多层次、多元化建设参与形式，驻区农民既是园区经营的主体，也是投入的主体。积极鼓励和引导农民以土地使用权、劳动力、资金等各种生产要素及以承包、入股等形式参与园区建设。发挥科技园区龙头企业的作用，积极吸纳农民手中的闲散资金，引导其更多地投向农业科技园区的建设。建立健全农村劳动积累制度，实行农民投工投劳与其利益挂钩。

（五）企业培育

着力培养一批有市场开拓能力、技术创新能力、资金融通能力、现代企业管理能力和带动农户能力强、辐射范围广的龙头企业，使它们由小变大、由大变强，成为区域性乃至全国性龙头企业。提高农业企业的科技创新能力，鼓励支持企业采取多种形式合作建立农业科技机构；鼓励企业建立研究与开发机构；支持企业承担各级政府下达的科技计划任务；对科技成果产业化项目、试验示范基础性建设，优先引导和支持企业承担。

（六）产城融合

把城镇建设与园区的发展结合起来，充分发挥规模效应、聚集和扩散效应，鼓励乡镇工业，特别是农产品加工型龙头企业集中连片发展，建设一批乡镇工业小区，促进农村小城镇发展。利用交通兴市场，以市场带动小城镇的发展，从而推动周边地区经济发展和农业科技园区的发展。

（七）人才保障

通过集成农业广播学校、电视大学、技术讲座、专业培训、职业高中、函授和夜校等多种形式建立现代农业培训体系，提高农民的整体素质，以现代农业工业化运营和管理模式，逐步培养现代农业新兴业态的从业者，营造良好的发展环境。

建立灵活的机制，把培养人才和引进人才结合起来。在人才的引进方面，大力引进省内外专家、学者入园进行新技术、新产品的试验、示范工作，提供优质的保障条件；大幅度提高入园工作的高层次技术人才的工作条件和生活待遇。

第三节　华东地区乡村规划案例

案例：江西省资溪县美丽乡村建设规划

自2013年全国开展美丽乡村创建活动以来，各地积极开展美丽乡村建设的探索和实践，涌现出了一大批各具特色的典型模式，积累了丰富的经验和范例。每种美丽乡村建设模式，分别代表了某一类型乡村在各自的自然资源禀赋、社会经济发展水平、产业发展特点以及民俗文化传承等条件下建设美丽乡村的成功路径和有益启示。

一、指导思想

坚持以人为核心，强化规划引领，注重景城联动、景村联动、镇村联动、城乡一体，积极构建以县城为龙头、集镇为骨干、中心村为补充的新型生态城镇体系，达到村容美、生态美、庭院美、身心美、生活美的“五美”总体要求。结合整体规划，推动镇村联动建设。要以全域规划的理念，尊重自然、体现特色、传承记忆，编制、完善、提升县、乡（镇）、村三级规划，实现乡（镇）村空间布局、产业发展、土地利用等专项规划相互衔接配套，形成城乡一体的规划体系。

二、美丽乡村建设的总体目标任务

根据省全面推进美丽乡村建设的统一部署，结合资溪县实际，从全局出发，着眼长远发展，确立人口相对集中、产业辐射能力强、要素集约、功能多元的宜居、宜业、宜游的中心示范村，实施美丽乡村建设，全面改善农民的生产生活环境，明显提升公共服务水平，达到村容美、生态美、庭院美、身心美、生活美的“五美”总体要求。坚持“党政引导、农民主体、社会参与”三位一体的建设模式和“农民筹资投劳、整合项目资金、财政奖补资金”三点结合的投入机制，突出村庄规划、建设、管理、经营四个重点，整治农村环境完善基础设施，配套公共服务，促进产业发展，提高农民素质。2015 年，资溪县率先将高阜镇高阜、石陂两个中心村建成各具特色的美丽乡村试点示范村，进一步提升其他乡（镇）美丽乡村建设水平。

三、美丽乡村建设试点基本原则

（一）坚持规划引导，突出特色

立足农村经济社会发展实际，依托自然地理条件，适应资源禀赋和民俗文化差异，突出地域特色，科学编制美丽乡村建设试点规划。

（二）坚持以人为本，体现民主

要始终坚持“议”字当先，严格农民民主议事程序，落实农民主体作用，把维护好农民利益放在第一位。

（三）坚持试点先行，重点突破

鼓励各地实际先行先试，在局部村点取得重点突破和经验模式后再逐步推开。

（四）坚持多元投入整合资源

充分发挥财政资金“四两拨千斤”作用，鼓励农民和社会各界投入美丽乡村建设，形成多元投入格局。加大资金整合力度，集中力量办大事。

（五）坚持以县为主，统筹推进

继续发挥“一事一议”财政奖补以县为主的工作机制优势，发挥县级政府在美丽乡村建设中的组织规划，指导协调和管理监督等责任，形成齐抓共管协调配合的统筹推进机制。

四、美丽乡村建设试点实施的主要内容

严格按照资溪县乡（镇）村联动工程、美丽乡村建设规划和美丽乡村建设导则要求，重点实施以下内容：

（一）抓好规划编制

按照全域理念，着眼长远发展，修编完善全县乡（镇）村庄布点规划，科学确定中心村、需要保留的自然村，每个行政村原则上规划建设 1 个中心村。围绕“三区一园”“四类村”和农村产业发展，进一步完善村庄产业规划。按照尊重自然美、注重个性美、构建整体美要求，不搞大拆大建、不求千篇一律、不搞一个模式、不用城市标准和方式建设农村，做到依山就势、聚散相宜、错落有致，编制美丽乡村建设规划。在规划编制、实施过程中，充分考虑人口变动、产业发展等因素，预留建设发展空间，引导农户向中心村集中，新建房屋宅基地面积不得超过政策规定标准，严禁村庄规划区外新建房屋。

（二）整治农村环境

对美丽乡村建设规划中确定拆除的危旧房屋、猪圈、厕所、院墙必须无偿拆除到位。对村庄内河流、沟渠、池塘进行清污，对村庄内水塘进行扩挖，房前屋后垃圾进行清理。对村庄内现有树木（特别是古树）进行保护，利用不宜建设的废弃场地和路旁、沟渠边、宅院及宅间空地，种植小菜园。以小果园、小竹园、小茶园等形式进行绿化。对村庄电力、通信、有线电视等杆线进行整理，确保杆线整齐规范。结合环保、清洁工程、小农水、沼气等相关项目，全面改造农户旱厕，具备上、下水条件的改为水冲式。由村民理事会牵头，确定卫生保洁人员或采取轮户保洁办法，配备垃圾清扫收集工具，建立卫生保洁、“门前三包”等制度，督促村民主动做好房前屋后卫生保洁，自觉清除村庄内垃圾杂物，做到垃圾日产日清，公共活动场地、道路、河道无垃圾、无杂物。

（三）统一房屋风貌

按照“江南民居、徽派”建筑风格，对已建房屋进行统一改貌，墙以白色为主、瓦以灰（红）色为主、屋顶以坡面为主，美丽乡村示范点房屋风貌统一率要达到100%。整治过程中，对连片红瓦的可以保留。新建房屋要严格按照住建部门提供的建房图纸，统一“白墙、灰瓦、坡面”的建筑风貌。

（四）完善基础设施

根据镇村联动示范镇建设规划，镇村联动工程重点建设“一线一面一街”即316国道石陂入口至镇区一线景观、绿化亮化、排水排污设施建设，高阜村摆嘴头新农村建设点延伸至生态商贸街延伸街道及休闲广场建设，镇区老街街道排污排水管网及房屋立面改造提升建设以及沿河线一线景观、绿化亮化建设等。

根据美丽乡村建设规划，农户住宅布局，村民经济社会活动需要以及乡村特点，2015年重点建设高阜镇的高阜、石陂两个中心村，结合乡（镇）村联动示范乡（镇）建设因地制宜开展村内道路建设，村庄内主干道路（或环村道路）宽度一般为35米，水泥混凝土路面，并培护路肩；对入户等支线道路，采用混凝土或碎石、鹅卵石等材料铺筑，路面宽度原则上控制在1.5~2.0米。根据实际需要，在村庄主干道路及公共活动场所安装路灯，路灯间距一般为35~50米，灯具高度为6~8米。建设村民休闲广场，安装体育健身器材。村庄内实行集中供水，自来水入户率达100%。按照雨污分流的要求，采用建设明沟、暗沟或铺设管道等方式，使雨水能就近排入池塘、河流；因地制宜建设人工湿地等污水处理设施，生产生活污水由管道收集，经污水处理系统处理后达标排放。结合自然村落布局和村庄人口分布，原则上每10~15户配置1个垃圾桶，每个村庄至少建设1座以上垃圾收集房。根据实际需要，在公共活动场所适当位置建设公共厕所，原则上每个村庄不超过1座。公共设施建设占地，由示范点所在村民组内无偿调剂平衡，不予资金补偿。

（五）配套服务功能

按照中心村建设标准，美丽乡村示范点配置“11+4”基本公共服务和基础设施，11项公共服务包括中小学、幼儿园、卫生所、文化站（或文体活动

室）、图书室（或农家书屋）、乡村金融服务网点（或便民自动取款机）、邮政所（或邮政便民点）、农村综合服务社（含农资店、便民超市 2 项）、农贸市场（或集贸点），公共服务中心 4 项基础设施即公交站、垃圾中转站、污水处理设施、公厕。基本公共服务设施应尽量布置在村庄几何中心附近，方便居民使用，对兼有对外服务功能的设施，宜布置在交通便利的路旁或村口。“11+4”基本公共服务和基础设施，由项目主管部门制定布点规划和建设，改造标准，确保各项服务设施建成使用、发挥效益。

（六）做强产业支撑

全面开展农村土地综合整治，建设高标准农田，引导农村土地承包经营权向专业大户、家庭农场和农民专业合作社流转，大力发展烟叶、草莓等六大农业特色产业，做强农业特色产业村。充分利用丰富的乡村旅游资源，串联美好乡村旅游线路，发展星级农家乐，做强旅游休闲产业村。依托村级现有传统工业基础，积极发展木竹、农产品加工等产业，做强工业特色村。挖掘乡村文化元素，对村庄内的古树进行保护，对村庄内古民居、祠堂、牌坊等历史遗存予以保护性修复，做强文化特色村。

（七）强化管理创新

健全村民自治机制，完善村务公开、村民议事、村级财务管理等自治制度，各示范点成立村民理事会，加强民主管理、民主决策，引导村民建好村庄、管好村庄、经营好村庄，依法保障村民在美好乡村建设过程中的知情权、参与权、管理权和监督权。由理事会发动村民筹资投劳（筹资筹劳不到位不列入示范点）。提升村级公共服务水平，统筹建设公共服务中心，与为民服务全程代理相结合，进一步整合资源、拓展功能，实行“一站式”服务。培育文明乡风，深入开展文明村镇、文明家庭评选活动，引导农民破除陈规陋习，培育科学、健康、文明的生活方式。实施文化信息资源共享、乡镇综合文化站、村文体活动室、农家书屋、农村数字电影放映、体育健身等重点文化惠民工程，丰富群众精神文化生活。扎实开展平安创建活动，加强农村社会治安综合治理，提升群众安全感。

（八）落实建后管护

美好乡村示范点建成后，由村民理事会召开农户代表会议，制定村规民约，建立健全村庄建后管护机制，主要包括村庄内基础设施和公共服务设施维护管理、路灯电费和保洁员工资筹资办法、村民新建房屋管理等。确保建后的村庄环境整洁，实施的项目发挥长远效益。